城市道路交通
规划设计与地质勘察

刘艳忠　宋炳强　刘中原　著

哈尔滨出版社
HARBIN PUBLISHING HOUSE

图书在版编目（CIP）数据

城市道路交通规划设计与地质勘察 / 刘艳忠，宋炳
强，刘中原著. -- 哈尔滨：哈尔滨出版社，2023.1
ISBN 978-7-5484-6709-0

Ⅰ. ①城… Ⅱ. ①刘… ②宋… ③刘… Ⅲ. ①城市道
路－交通规划－设计②城市道路－交通规划－地质勘探
Ⅳ. ① TU984.191

中国版本图书馆 CIP 数据核字（2022）第 156791 号

书　　名：**城市道路交通规划设计与地质勘察**
CHENGSHI DAOLU JIAOTONG GUIHUA SHEJI YU DIZHI KANCHA

作　　者：刘艳忠　宋炳强　刘中原　著
责任编辑：张艳鑫
封面设计：张　华
出版发行：哈尔滨出版社（Harbin Publishing House）
社　　址：哈尔滨市香坊区泰山路 82-9 号　邮编：150090
经　　销：全国新华书店
印　　刷：河北创联印刷有限公司
网　　址：www.hrbcbs.com
E - mail：hrbcbs@yeah.net
编辑版权热线：（0451）87900271　87900272
开　　本：787mm×1092mm　1/16　印张：12.25　字数：244 千字
版　　次：2023 年 1 月第 1 版
印　　次：2023 年 1 月第 1 次印刷
书　　号：ISBN 978-7-5484-6709-0
定　　价：68.00 元

前　言

　　城市道路交通是城市发展的主要支柱，是城市发展的生命线。随着人民生活水平的逐年提高，交通出行需求的质量也逐年高涨，大中城市普遍出现市民交通"出行个体化"，且傾向越来越明显。伴随着国民经济的高速增长，我国的城市化水平也在迅速提高，人口快速向大城市集中。经济转轨过程中，城市的经济职能不断加强，居民的经济、文化活动更加频繁。城市人口的迅速增长以及城市社会经济活动的增强，往往使城市交通总量以 2~3 倍于人口增长的速度增长。为了适应城市经济发展的需要，满足急剧增长的交通需求，城市建设部门投入了大量的资金进行城市交通系统的规划、建设，城市道路交通基础设施的投资在城市财政中的份额不断提高。虽然城市道路网络扩展和道路面积增长的速度很快，一些城市的交通拥挤状况暂时得到了缓和，但总体上看，我国紧缺的土地资源和大城市高密度的土地利用模式决定了道路空间资源的有限性，道路供给与交通需求之间的矛盾还会加剧。

　　地球上现有的一切道路都建造于地壳表层一定的地质环境中。地质环境包括地壳表层和深部岩层，它影响道路的安全、经济和正常使用；而道路的兴建又反作用于地质环境，使自然地质条件发生变化，最终又影响道路本身。二者处于既相互联系，又相互制约的矛盾之中。本书研究了道路交通规划设计与地质勘查之间的相互关系。

　　由于笔者水平有限，时间仓促，书中不足之处在所难免，望各位读者、专家不吝赐教。

目　录

第一章　城市道路

第一节　城市道路概述

城市道路是通达城市各地区，供城市内交通运输及行人使用，便于居民生活、工作及文化娱乐活动，并与市外道路连接负担着对外交通的道路。

一、发展简史

中国古代营建都城，对道路布置极为重视。当时都城有纵向、横向和环形道路以及郊区道路，并各有不同的宽度。中国唐代（618—907）都城长安，明、清两代（1368—1911）都城北京的道路系统皆为棋盘式，纵横井井有条，主干道宽广，中间以支路连接便利居民交通。

位于巴基斯坦的著名古城遗址摩亨佐·达罗城（Mohenjo Daro，公元前15世纪前）有排列整齐的街道，主要道路为南北向，宽约10米，次要道路为东西向。古罗马城（公元前15—前6世纪）贯穿全城的南北大道宽15米左右，大部分街道为东西向，路面分成三部分，两侧行人，中间行车马，路侧有排水边沟。公元1世纪末的罗马城，城内干道宽25～30米，有些宽达35米，人行道与车行道用列柱分隔，路面用平整的大石板铺砌，城市中心设有广场。

随着历史的演进，世界各大城市的道路都有不同程度的发展，自发明汽车以后，为保证汽车快速安全行驶，城市道路建设起了新的变化。除了道路布置有了多种形式外，路面也由土路改变为石板、块石、碎石以至沥青和水泥混凝土路面，以承担繁重的车辆交通，并设置了各种控制交通的设施。

1949年以来，中国城市道路建设取得了重大成就。全国许多大城市改建、兴建了大量道路，铺筑了多种类型的沥青路面和水泥混凝土路面，新兴的中小工业城镇也新建了大批整洁的干道。如北京市展宽了狭窄的旧街道，修建了二、三环路及通达卫星城镇的放射性道路，并修建了一些互通式立体交叉及机动车、非机动车分行的三幅车行道的道路，既改善了市内交通状况又便利了对外联系，改变了旧北京的交通面貌。

又如中国工业城市上海，新中国成立以来也新建、改建了大批道路，并建成横跨黄浦江的大桥和黄浦江打浦路隧道，两岸交通得到进一步的改善。

二、区别

城市道路一般较公路宽阔，为适应复杂的交通工具，多划分机动车道、公共汽车优先车道、非机动车道等。道路两侧有高出路面的人行道和房屋建筑，人行道下多埋设公共管线。为美化城市而布置绿化带、雕塑艺术品。为保护城市环境卫生，要少扬尘、少噪声。公路则在车行道外设路肩，两侧种行道树，边沟排水。

三、要求

现代的城市道路是城市总体规划的主要组成部分，它关系到整个城市的有机活动。为了适应城市的人流、车流顺利运行，城市道路要具有：①适当的路幅以容纳繁重的交通；②坚固耐久，平整抗滑的路面以利车辆安全、舒适、迅捷地行驶；③少扬尘、少噪声以利于环境卫生；④便利的排水设施以便将雨雪水及时排除；⑤充分的照明设施以利居民晚间活动和车辆运行；⑥道路两侧要设置足够宽的人行道、绿化带、地上杆线、地下管线。

城市各重要活动中心之间要有便捷的道路连接，以缩短车辆的运行距离。城市的各次要部分也须有道路通达，以利居民活动。城市道路繁多又集中在城市的有限面积之内，纵横交错形成网状，出现了许多影响相交道路交通流畅的交叉路口，所以需要采取各种措施，如设置色灯信号管制、环形交叉、渠化交通、立体交叉等以利交通流畅。城市交通工具种类繁多，速度快慢悬殊，为了避免互相阻碍干扰，要组织分道行驶，用隔离带、隔离墩、护栏或画线方法加以分隔。城市公共交通乘客上下须设置停车站台，还须设置停车场以备停驻车辆。要为行人横过交通繁忙的街道设置过街天桥或地道，以保障行人安全又避免干扰车辆交通；在交通不繁忙的街道上可划过街横道线，行人伺机沿横道线通过。

此外，城市道路还为城市地震、火灾等灾害提供隔离地带、避难处所和抢救通道（地下部分并可作人防之用）；为城市绿化、美化提供场地，配合城市重要公共建筑物的前庭布置，为城市环境需要的光照通风提供空间；为市民散步、休息和体育锻炼提供方便。

四、分类

根据道路在城市道路系统中的地位和交通功能，分为：①快速路；②主干路；③次干路；④支路。

1. 快速路

为流畅地处理城市大量交通而建筑的道路。要有平顺的线型，与一般道路分开，使汽车交通安全、通畅和舒适。与交通量大的干路相交时应采用立体交叉，与交通量小的支路相交时可采用平面交叉，但要有控制交通的措施。两侧有非机动车时，必须设完整的分隔带。横过车行道时，需经由控制的交叉路口或地道、天桥。

2. 主干路

连接城市各主要部分的交通干路，是城市道路的骨架，主要功能是交通运输。主干路上的交通要保证一定的行车速度，故应根据交通量的大小设置相应宽度的车行道，以供车辆通畅地行驶。线形应顺捷，交叉口宜尽可能少，以减少相交道路上车辆进出的干扰，平面交叉要有控制交通的措施，交通量超过平面交叉口的通行能力时，可根据规划采用立体交叉。机动车道与非机动车道应用隔离带分开。交通量大的主干路上快速机动车如小客车等也应与速度较慢的卡车、公共汽车等分道行驶，主干路两侧应有适当宽度的人行道，应严格控制行人横穿主干路。主干路两侧不宜建筑吸引大量人流、车流的公共建筑物如剧院、体育馆、大商场等。

3. 次干路

一个区域内的主要道路，是一般交通道路兼有服务功能，配合主干路共同组成干路网，起广泛联系城市各部分与集散交通的作用，一般情况下快慢车混合行驶；条件许可时也可另设非机动车道。道路两侧应设人行道，并可设置吸引人流的公共建筑物。

4. 支路

次干路与居住区的联络线，为地区交通服务，也起集散交通的作用，两旁可有人行道，也可有商业性建筑。

根据道路力学分类，城市道路主要分为刚性路面和柔性路面两大类。

柔性路面。荷载作用下产生的弯沉变形较大、抗弯强度小，它的破坏取决于极限垂直变形和弯拉应变。以沥青路面为代表，沥青路面结构组合的基本原则：面层、基层的结构类型及厚度应与交通量相适应；层间必须紧密稳定，保证结构整体性和应力传递的连续性；各结构层的回弹模量自上而下递减。

刚性路面。荷载作用下产生板体作用，弯拉强度大，弯沉变形很小，它的破坏取决于极限弯拉强度，主要代表是水泥砼路面。

五、展望

随着汽车工业的发展，各国汽车保有量飞速增加，各国城市道路为适应汽车交通的需要在数量上有大幅度增长，在质量上有大幅度提高，如世界大都市伦敦、巴黎、柏林、莫斯科、纽约、东京等，均建有完善的道路网为汽车交通运输服务，其他各国的城市道路也均有不同程度的发展。

由于城市的发展，人口的集中，各种交通工具大量增加，城市交通日益拥挤，公共汽车行驶速度缓慢，道路堵塞，交通事故频繁，人民生活环境遭到废气、噪声的严重污染，解决日益严重的城市交通问题已成为当前重要课题。已开始实施或正在研究的措施有：①改建地面现有道路系统，增辟城市高速干道、干路、环路以疏导、分散过境交通及市内交通，减轻城市中心区的交通压力，以改善地面交通状况；②发展地上高架道路与路堑式地下道路，供高速车辆行驶，减少地面交通的互相干扰；③研制新型交通工具，如气垫车、电动汽车、太阳能汽车等速度高、运量大的车辆，以加大运输速度和运量；④加强交通组织管理，如利用电子计算机建立控制中心，研制自动调度公共交通的电子调度系统、广泛采用绿波交通（汽车按规定的速度行驶至每个平交路口时，均遇绿灯，不需停车而连续通过）、实行公共交通优先等；⑤开展交通流理论研究，采用新交通观测仪器以研究解决日益严重的交通问题。

第二节　城市规划概述

城市规划是一门多学科的设计方案，其主要任务是对用地综合布置。为了合理布局工业、民用建筑、交通运输以及其他各种工程设施，就需要对人们活动的各个方面关系进行现实的、发展的、广泛的分析研究，并在该基础上做出规划方案。

一、城市规划是综合性系统工程

按照城市用地使用功能不同，城市规划分为数十种；以建筑性质分有上百种；以交通及市政基础设施分也有几十种。无论采用哪种分类方法，彼此之间都不是孤立的，而是相互联系和密切相关的。因此，研究城市规划必须采用系统工程研究方法。

城市规划组成部分：

1. 土地使用规划；

2. 交通规划；

3. 市政公用事业规划

4. 城市环境规划。

根据城市规划内容和范围，一座城市规划首先是总体规划，它决定着整个城市的总体布局。因此说，城市总体规划是一个大型的系统工程，也可视为高级系统；其下分若干子系统；而子系统又分为若干个分系统，彼此之间相互联系和制约。这些联系包括系统的性质、结构、数量、频率和稳定性等。

按照城市的自然属性，城市规划也可分成两大系统，即自然系统和人类活动系统。自然系统又分为地质和生态分系统，人类活动系统又可分为生产和城市建设分系统。

二、城市规划程序

城市规划是一个复杂的、动态的控制系统。它包括被控制的部分——城市的现状和控制的规划纲要及方案两个方面。城市规划编制程序编制城市规划方案，首先要安排好确定方案的程序。这个程序包括编制方案、有关协作单位的研究和讨论及鉴定、群众性征求意见，报请审批部门批准。编制城市规划总体方案是这一系列程序中的重要步骤，在编制之前，要调查城市现状、了解资源、工程地质勘测、规划纲要、选择方案、经济比较、效益分析、分期实施等。在编制过程中，充分注意生态平衡，也就是说，城市自然状况和人类活动相互联系达到最佳状态，城市里最重要的自然组成部分——水、大气、土壤植被等都应获得新生。对于高度城市化的地区，要达到生态平衡的要求是很困难的，但是在更大的地区内，包括郊区，应看作是整体研究，采取综合规划方法，努力达到城市自然状况与人类生活的最佳状态。

三、城市规划与城市设计

城市规划理论已有很长的发展历史，但是，近些年来国际上才提倡和发展城市设计理论，并应用于实践。1978年美国举行了第一届全国城市设计学术会议，城市设计理论、实践和教育在美国已经比较普及。英国《不列颠大百科全书》关于"城市设计"的条目，较详细地介绍了城市设计领域与建筑学、工程学之间的密切关系。但是，它是城市设计而不是建筑设计或工程设计。现代城市设计理论在中间的传播和应用是从80年代初期开始的。有的国家（如美国）对城市规划是这样定义的：城市规划是充分研究有关城市政治、经济、法律、历史地理、风土人情、自然条件等，据此制定城市发展战略、方针政策、城市人口、城市规模、经济发展等的规划。而城市设计则是研究如何利用现有土地，合理布局住宅、公共建筑、工业建筑、城市交通、城市绿化、市政公用事业等工程。目前，我国大部分城市的总体规划方案已编出，有土地使用规划、交通规划、市政公用设施规划、城市环境规划等，而分区规划、详细规划，以及当前建设规划等正在进行。总结以往的工作经验，一方面应当进一步研究总体规划中的方针政策、经济制约和发展以及自然条件等，作为补充和修改总体规划的准备条件；另一方面详细研究规划与城市设计的关系，进一步发展城市规划学。

四、城市规划中局部与整体、近期与远期的关系

城市规划是研究与解决各类建筑和各类工程设施的局部与整体关系的，因此，就要正确地、合理地给予以上各类设施一个恰当的位置。每一种设施都有一定的规模、特点和要求，如果都要得到满足，就会使城市规模过大、造价过高、生活上极为不便，这显然是不合理的。因此，无论确定城市规划中哪一个子系统或分系统，都要从全局出发，从总体利益出发，在基本满足各类设施最低要求的前提下，局部服从整体。另一方面，城市规划还要研究和解决近期与长远的关系。城市规划要有长远安排，而在建设上就要从现实出发，分期实施；近期建设又受到现状、经济条件、物资供应等多方面的制约。因此，正确处理近期与远期的关系是十分重要的。在一定程度上适应远期要求的前提下，尽量使近期建设规模适度，减少成本，降低造价。

五、城市交通在城市规划中的位置

城市交通是城市规划中的重要组成部分，受到城市规划中的人口、规模、城市布局、土地使用、城市环境等重要因素的制约和影响。同时，城市交通也影响着城市规划各个方面的功能和发展，从总体上讲，城市交通依附总体规划，从其本身讲，城市交通又有独立性。因此说，城市交通是大系统中的一个重要子系统，同时又是独立性很强的系统工程。而它本身又分若干规模较大的连续性很强的分系统。

城市是人们活动的舞台。在这个舞台上又分为两类，一类是人们直接参与活动的，如各类建筑，是人们工作、居住的场所，各种交通工程既是静态的设施又是人流及车流动态活动场所；另一类是供应设施，如供水、供电等。因此，研究城市交通脱离不开城市规划与城市建设的各个方面、各种因素。具体到某一城市来说，研究城市规划必须研究城市交通。

第三节　城市性质与规模

一、城市性质

城市性质是城市规划的灵魂，对城市规划有着极其重要的作用。城市性质是由城市的任务、使用功能、地理位置、历史传统、对外关系、经济建设等基本情况和因素而决定的。根据中国的实际情况，可将城市分为以下几种类型：政治中心城市、文化中心城市、省和地区政治中心城市、历史名城、工业城市、内地交通枢纽城市、海港

城市、贸易金融城市、旅游城市等以及有多种功能的综合城市，其中多功能城市占很大比重。

城市性质与城市交通的关系是十分密切的，城市性质决定城市交通规划，反过来城市交通也影响着或某种程度上决定城市性质。城市都有对内对外交通设施，很多城市形成交通枢纽。在我国，城市交通枢纽又可分为客运枢纽城市、货运枢纽城市两大类型。按照城市性质不同，城市交通枢纽又可分如下种类：

1. 内地大型交通枢纽城市，如北京、沈阳、武汉等；

2. 沿海大型交通枢纽城市，如上海、天津、广州、大连等；

3. 内地中型交通枢纽城市，如成都、长春、西安、太原、济南、郑州、昆明、贵阳等；

4. 沿海中型交通枢纽城市（海港城市），主要是经济特区，如深圳、珠海、厦门、汕头、海口及大城市以外的沿海开放城市南通、温州、宁波、福州、湛江、北海、连云港、青岛、烟台、秦皇岛等；

5. 沿内河交通枢纽城市（这种城市也是陆上交通枢纽），如南京、重庆、哈尔滨等；

6. 工业交通枢纽城市，如唐山、鞍山、抚顺、无锡等；

7. 旅游交通枢纽城市，如苏州、杭州、桂林等。

二、城市规模

世界上大多数城市都处在不断发展中，有少数的城市维持现状，也有的城市处于萎缩状态。中国是发展中的国家，一般的城市都是在发展中的，城市规划伴随着城市发展和改造应运而生，规划方案从城市现状出发，充分考虑长远发展的需要，因此城市规模是城市规划的重要方面。城市规模一方体现城市的体量，另一方要体现城市发展范围。因此，根据确立的城市规模，首先编制城市现状用地、近期用地、远景用地规划。

决定城市规模的主要因素是人口数量。中国人口众多，虽然有些地方农业经济发展较城市为快，但是就大多数农村经济状况而言还不如城市，城乡差异依然存在，所以农村人口不断流入城市的现象相当普遍。城市规划的人口要有一定数量，土地利用、交通及公用事业的规划，都是根据人口数量来计算和安排的。于是，对人口的机械增长就要有一定限制、不能盲目地无限制地发展。同时在中国对人口自然增长也要有一定的控制。目前，很多城市流动人口数量很大，这种流动人口活动能力比城市人口活动量大得多，尤其表现在城市交通方面更为突出。所以，一方面要发展和开放城市，搞活经济，发展旅游事业，推进城市之间的交流及城乡交流。另一方面要严格管理好流动人口进城，尽量减少或降低不必要的盲目的流入城市的人口。

影响城市规模的另一重要因素，是建设用地问题。城市用地是很宝贵的，一方面经济投入很多，另一方面经济价值也很高，如何合理地规划建设用地是非常重要的。在城市居民生活用地方面，诸如居住用地、办公用地、商业用地、公共建筑用地以及生产用地、交通设施用地、绿化用地等、每个城市人口应当占有必需的合理的用地面积，按不同的定额，如 $80m^2$、$100m^2$、$120m^2$，就可确定城市总用地面积。但是在具体执行中要严格控制用地，要节省且不浪费土地。在生产用地方面。有条件的尽量使生产建筑向多层发展，必须放在地面上的也要有合理的经济指标。生活用地也要按规定指标办事，以达到城市用地合理，不致形成不适当地扩大城市用地的现象。

我国现有城市 450 余座，100 万人口以上的大城市有 30 余座，而且这些城市都在发展中，所以合理地规划城市规模是事关重要的。

第四节　城市布局与城市交通

一、城市布局

城市的布局依据于城市特点、城市的规模、地理位置、自然条件、旧城现状、工作与居住关系、建设用地与绿化用地比例等条件而定。

依据各城市不同条件、不同规划的指导思想，总和世界上现有的城市，其城市布局大致分为 8 种。

1. 带性城市：这种城市布局成带状，如我国的兰州市，一面靠山，一面面临黄河，形成带状布局的城市。深圳市亦属带状布局的城市。

2. 集中成片式：这种城市布局呈集中成片状发展，在世界中这种布局的城市很多，其具体布局方式也各有所不同。

3. 子母城市：中心市区与周围若干卫星城镇组成子母城市，如巴黎、北京等几百万人口的大城市，市区以外有若干新城或工业县镇。但是，母城与子城规模之间比例尚没有确定的数量关系。

4. 走廊城市：在中心城市以外由若干交通走廊所组成的城市，沿交通走廊布置建筑群。如华盛顿全市人口 300 万，而中心市区只有 60 万人口，其余人口沿中心市区以外若干交通走廊分布，通过交通走廊联系若干建设区。

5. 分散集团式：这种城市布局是在中心市区以外周围有若干分散的重点建设地区（集团），目前北京市区规划就是采用这种形式布局城市建设区的。

6. 手指式：这种城市布局是中心市区以外呈手指形放射发展，如哥本哈根市就是采用这种布局。

7．特殊地形的城市、园地形限制形式。如重庆、武汉等城市。

二、城市交通部设

城市布局不同，制约着城市道路网布设，左右着城市交通网络。所以说，城市布局与城市交通是密切相关的，是相互依存的。城市道路布设要服从城市布局，反过来说又影响城市总体布局。要研究和布设城市交通网络，首先必须了解城市布局、研究城市布局；反之，确定城市布局，首先必须考虑城市交通的布设。只有统筹考虑、全面安排，整个城市才能活动起来。

城市交通布局可按如下方面考虑：

1．大城市地区交通布设，应打破同心因向心发展，改为开敞式，城市布局沿交通干线发展，城市用地呈组团布置，组团之间用绿地空间隔开。

2．在具有悠久历史传统逐步发展起来的中心城市中，除历史形成的传统中央商业区、金融、行政中心外，在其外部城市建成区组团内，新辟副中心以分散市中心繁杂的功能。另外在中心市外围地区，建设高速交通干线，形成大容量客运工具的交通网络，在其沿线建设新城或卫星城。

3．在超越大城市地区更大区域范围内，组成首都圈、城市群，或城市带。用城市体系的布局战略来疏导各个城市的城市功能，如伦敦周围的英国东南部战略规划，日本沿太平洋沿岸的东京、横滨、名古屋、大阪、神户城市群带，美国沿大西洋的波士顿、纽约、华盛顿城市群带，这些城市群带组成综合交通体系。

4．有不少城市在中心城市外围的大范围的划定较大范围的森林公园或绿色环带，用以绿化城市生态环境或用以控制大城市中心地区的发展规模。

第二章　城市道路网规划

第一节　概述

城市道路网是所有城市道路组成的统称。城市道路网一旦形成，就大体上确定了城市的发展轮廓，并且其影响会一直延续下去。因此，城市道路网规划也就显得尤其重要。从交通工程的观点来看，道路系统规划是城市交通规划的继续，只有在城市交通规划的基础之上，才有可能提出功能良好的城市道路系统规划。

一、影响城市道路网规划的因素

（一）用地分区形成的交通运输对道路网规划的影响

城市中的各种用地，如工业区、商业区、居住区、城市行政中心、公园绿地、码头仓库区及铁路场站等都是交通的策源地。交通策源地每日都发生和吸引着大量的人流和货流，构成不同目的和形式的城市客、货流交通。若要使路网规划得较为合理，就必须通过交通调查取得必需的交通资料，只有在充分占有交通资料的条件下，才可能使得城市分区布局有利于交通便捷、均匀、分散，减少不必要的往返运输、长距离运输、迂回运输，减少交通事故。其原则是分区内部的近距离交通多，超越分区的远距离交通少。

在分区内布置无害工业、手工业及各种机构，供居民就近工作。要修建与分区内就业居民人数相适应的住宅，区内应具有完善的商业、服务、文化娱乐等日常生活公共设施，使得居民上班及日常生活活动的出行距离较近，这就形成了分区内部交通小系统，其主要的交通形式是步行和自行车。

各分区之间的交通是较远或远距离交通，形成全市交通系统。分区之间的交通应该达到通畅快速，车辆的流动与分布、交通种类与速度都直接影响道路系统的布局与形成。

（二）地形条件的影响

城市的地形条件对城市的用地分区、道路线型有很大影响。在城市总体规划中，应该认真地分析城市地形特点和变化，做到用地划分自然，道路平、纵、横面线型配合地形变化，既满足技术标准，又能结合环境和景观。

（三）城市进出口公路系统的影响

城市对外交通有铁路、水运、航空和公路。公路交通与城市交通的关系极为密切。公路与城市道路相连接的部分一般称为城市的进出口。城市道路的横断面与公路的横断面有很大不同，技术标准也不同，因此，城市进出口既有横断面改建，又有横断面的衔接过渡问题，如果处理不当，会使城市进出口发生严重的交通阻塞，甚至造成交通事故。

（四）铁路线的影响

铁路运输的发展会促进城市的发展，但当城市发展到一定程度时，铁路线用地往往成为城市发展用地的障碍，城市道路与铁路线的交叉，不仅增加了城市的交通设施和基建费用，而且也影响了城市的环境、景观等。因此，一般应使城市道路路线与铁路线平行，但不宜靠得太近，否则在分支道路跨越铁路需修建立体交叉时，会造成工程技术上的困难和不经济。铁路客、货运站场与城市道路关系密切，应使城市干道系统与铁路场站有直接联系。

（五）城市原有路网的影响

除新建城市外，城市原有道路网对新路网有很大影响。原有路网是基础，是不可忽略的。要根据出行调查资料绘制出 OD 表及流量流向图，并通过其分布来调整原有路网，发展新的路网系统。要防止简单化地将旧城道路向外延伸，漫无止境地成片建设，这样会导致城市用地无限扩大，人口分布不均匀，给城市交通带来更严重的问题。

二、城市干道网类型

城市道路系统是为适应城市发展，满足城市用地和城市交通以及其他需要而形成的。在不同的社会经济条件、城市自然条件和建设条件下，不同城市的道路系统有不同的发展形态。从形式上，常见的城市道路网可归纳为四种类型：

1. 方格网式道路系统

方格网式又称棋盘式，是最常见的一种道路网类型，它适用于地形平坦的城市。用方格网道路划分的街坊形状整齐，有利于建筑的布置，由于平行方向有多条道路，所以交通分散、灵活性大，但对角线方向的交通联系不便。有的城市在方格网的基础上增加若干条放射干线，以利于对角线方向的交通，但因此又将形成三角形街坊和复杂的多路交叉口，既不利于建筑布置，又不利于交叉口的交通组织。完全方格网的大城市，如果不配合交通管制，容易形成不必要的穿越中心区的交通。一些大城市的旧城区历史形成的路幅狭窄、间隔均匀、密度较大的方格网，已不能适应现代城市交通的要求，可以组织单向交通以解决交通拥挤问题。

方格网式的道路也可以顺依地形条件弯曲变化，不一定死板地一律采用直线直角。

2. 环形放射式道路系统

环形放射式道路系统起源于欧洲以广场组织城市的规划手法，最初是几何构图的产物，多用于大城市。这种道路系统的放射形干道有利于市中心同外围市区和郊区的联系，环形干道又有利于中心城区外的市区及郊区的相互联系，在功能上有一定的优点。但是，放射形干道容易把外围的交通迅速引入市中心地区，使交通在市中心地区过分集中，同时会出现许多不规则的街坊，交通灵活性不如方格网道路系统。环形干道又容易引起城市沿环道发展，促使城市呈同心圆式不断向外扩张。

为了充分利用环形放射式道路系统的优点，避免其缺点，国外一些大城市已将原有的环形放射路网调整改建为快速干道系统，对缓解城市中心的交通压力，促使城市转向沿交通干线向外发展起了十分重要的作用。

3. 自由式道路系统

国外很多新城的规划采用自由式道路系统。自由式道路系统，是指滨江（海）或山坡上的城市顺应地形而形成的道路系统。自由式道路系统是道路布局主要结合地形、路线弯曲无一定几何图形的道路网。它能充分结合河流、海岸等自然地形，节约道路建设投资；但非直线系数较大，不规则街道较多，建筑用地比较分散。一般适用于自然地形条件复杂的地区和小城市。

4. 混合式道路系统

混合式道路系统是由棋盘式、环形放射式或自由式路网组合而成的道路系统。其特点是适应大城市的改建和扩建规划，逐步形成，如规划合理可以扬长避短。中国大多数城市采用方格网和环形加放射的混合式，如北京、上海、南京。许多城市保留原有旧城棋盘式格局，为减少城市中心交通压力和便利与周围新区和邻近城镇的联系而设置环路及放射路。道路网结合地形（例如依海（江）岸或山坡）而形成的道路系统，路线弯曲无一定几何图形，可充分结合自然地形，节约工程造价，缺点是非直线系数大，不规则街坊多，建筑用地较分散。中国重庆、青岛、南宁、九江等城市的道路属于这种系统。

三、城市道路网规划技术指标

（一）非直线系数

分区之间的交通干道应短捷（接近于直线），但实际情况下不可能完全做到。衡量道路便捷程度的指标被称为非直线系数（或称曲度系数、路线增长系数），是道路起、终点间的实际长度与其空间直线距离之比值。交通干道的非直线系数应尽量控制在 1.4 之内，最好在 1.1 ~ 1.2。

应该指出，用非直线系数指标衡量城市交通便捷与否，并不是对所有城市均适用，特别是对山城或丘陵地区的城市，可不必强求。

（二）道路网密度

为使城市各分区用地之间交通方便，应有足够的道路数量。作为城市总平面骨架的道路数量及其分布，既要满足交通发展的要求，也应该结合城市的现状、规模、自然地形条件，尽可能有利于建筑布置、环境保护等规划要求。城市道路的数量、长度、间距等能否与城市交通相适应，可用城市道路网密度来衡量。

道路网密度是城市各类道路总长度与城市用地面积之比值。

从理论上讲，扩大道路网密度，有利于城市交通。但实际上若密度过大，则造成城市用地不经济，增加城市建设投资，并且会导致交叉口过多而影响车辆行驶速度和道路通行能力。因此，道路网密度必须与城市客、货运输交通量，工业和居住生活用地划分的经济合理性等因素综合考虑。一般来说，道路网密度与城市的规模是密切相关的，我国 1995 年颁布实施的《城市道路交通规划设计规范》对各类不同规模的城市确定了应满足的道路网密度要求。

（三）道路面积密度

道路网密度未考虑各类道路不同宽度对交通的影响，也未考虑其他道路交通设施如广场、停车场对交通的影响，所以它还不足以衡量城市道路系统是否适应交通需要。

道路面积密度又称道路面积率或道路用地率。

道路面积密度是各类道路总用地面积与城市用地总面积（平方公里）的商。

城市道路用地包括广场、停车场及其他交通设施，所以由道路面积密度可以看出一个城市对道路交通的重视程度及该城市道路交通设施的建设情况。世界上主要发达国家的大城市道路面积率多在 20% 以上，而我国主要大城市道路面积率多在 10% 以下。我国的《城市道路交通规划设计规范》规定，城市道路用地面积应占城市建设用地面积的 8% ~ 15%，对规划人口在 200 万以上的大城市，宜为 15% ~ 20%。

（四）居民拥有道路面积密度

居民拥有道路面积密度又称人均拥有道路面积率，它是反映每个城市居民拥有道路面积的技术指标。

居民拥有道路面积密度等于道路服务地区的城市人口（人）各类道路总用地面积的比值。

对于此项指标，我国城市与世界发达国家城市相比也存在一定差距。《城市道路交通规划设计规范》规定，规划城市人口人均占有道路用地面积宜为 7 ～ 15m²。其中：道路用地面积宜为 6.0 ～ 13.5m² ／人，广场面积宜为 0.2 ～ 0.5m² ／人，公共停车场面积宜为 0.8 ～ 1.0m² ／人。

四、道路系统规划设计方法

道路系统是城市总体布局的重要组成部分，它不是一项单独的工程技术设计，而是受到很多因素的影响和制约，它是在城市总体规划过程中进行的。道路网规划的主要内容包括：城市用地布局中各有关交通吸引点相互联系线的布置分析；城市客、货交通量现状和将来的估计以及在干线上的流量分布；干道性质、选线、走向与红线宽度、横断面形式的确定；交叉口位置和形式；停车场布置；路网图的绘制及规划说明书的编制等。在规划中应考虑道路网结构形式并注意满足路网规划技术指标。一般道路网规划设计步骤如下：

（一）资料准备

1. 城市地形图：地形图范围包括城市市界以内地区，地形图比例尺 1：5000 ～ 1：20000。

2. 城市区域地形图：地形图范围包括与本城相邻的其他城镇，能看出区域范围内城市之间的关系，河湖水系，公路、铁路与城市的联系等。地形图比例尺 1：10000 ～ 1：50000。

3. 城市发展经济资料：内容包括城市性质，发展期限，工业及其他生产发展规模，对外交通，人口规模，用地指标等。

4. 城市交通调查资料：包括城市客流、货流 OD 调查资料；城市机动车和非机动车历年统计车辆数；道路交通量增长情况及存在问题；机动车、非机动车交通流量分布图等。

5. 城市道路现状资料：1：500 ～ 1：1000 的城市地形图，能准确地反映道路平面线型、交叉口形状，道路横断面图以及有关道路现状的其他资料如路面结构形式，桥涵的结构形式和设计荷载等。

（二）道路系统规划

在交通规划的基础上，可进行道路系统规划。道路系统规划分为三个阶段：1. 道路系统初步方案设计；2. 根据交通规划修改初步方案；3. 绘制道路系统图。

1. 城市分区交通吸引点分布及其联系线路的确定

城市中的工业区、居住区、市中心、大型影剧院及体育场馆、对外交通车站和码头等都是人流、货流的出发点和吸引点，彼此之间应该有便捷、合理的道路联系。这些用地之间，远景交通量大的主要连接道路，则形成城市的干道网；远景交通量少的且大部分不贯通全市的则为次干道；若以客运为主，为生活服务的，则为生活服务性道路。

因此，了解各主要交通吸引点的交通性质、流量流向，是拟定城市道路系统的重要前提，同时要密切结合自然地形和城市现状，按道路设计标准来确定各几何要素，进行总体路网规划。

2. 根据交通规划对初步确定的道路系统进行修改

根据本章前面所述远景交通量预估和分配的结果及交通规划的有关内容，对干道系统进行检验修正，确定干道性质、走向布局、红线宽度、横断面形式、交叉口和立交桥的形式、位置等。

道路系统是否经济合理也要考虑其他因素，如是否有利于城市发展，道路系统与公路、铁路、水运、航空等对外交通的联系，道路建设投资与建成后的经济效益等，这些方面都要做经济分析比较。

3. 绘制道路系统规划图

包括道路系统平面图及道路横断面图。平面图要绘出干道中心线和控制线，一般应标明平面线型和竖向线形的主要控制点位置和高程，绘出交通节点及交叉口平面形状。此外，还应在平面图上标明静态交通用地如停车场、广场、加油站等的位置及规模。图纸比例：大中城市 1：10000~1：20000，小城市 1：5 000~1：10000。

第二节　城市道路的功能、组成及特点

与其他道路，如公路、矿区道路、林区道路等相比较，城市道路的功能更多一些，组成也更为复杂，有着与其他道路明显不同的特点。根据《城市道路设计规范》[CJJ—90] 的定义，城市道路是指大、中、小城市及大城市的卫星城规划区内的道路、广场、停车场等，不包括街坊内部道路和县镇道路。城市道路与公路以城市规划区的边线为分界线，在城市道路与公路之间应设置适当的进出口道路作为过渡段，过渡段的长度可根据实际情况确定，其设计车速、横断面布置、交通设施、照明等可参照"规范"和公路的有关设计标准、规范论证地选用。

一、城市道路的功能

城市道路是城市人员活动和物资运输必不可少的重要设施。同时，城市道路还具有许多其他功能，例如，能增加土地的利用、能提供公共空间并保证生活环境，具有抗灾救灾功能等。城市道路是通过充分发挥这些功能来保证城市居民的生活、工作和其他各项活动的。目前，城市中存在的许多问题无不与城市道路的规划建设及管理的不完善有关联。

在城市道路规划及设计时，必须充分理解它的功能和作用。城市道路的功能，随着时代变化、城市规模和性质的不同，表面上或许有所差别，但就其本质来说，它的功能并没有改变，主要有四个方面的功能：

1. 交通设施的功能

所谓交通设施功能，是指由于城市活动产生的交通需要中，对应于道路交通需要的交通功能。而交通功能又可分为纯属交通的交通功能和沿路利用的进入功能。交通功能不难理解，是指交通本身，如汽车交通、自行车交通、行人交通等，进入功能则是指交通主体（汽车、自行车、行人等）在沿路的各处用地、建筑物等出入的功能。一般来说，干线道路主要具有交通功能，利用干道的交通大多是较长距离的交通或过境交通。支路或次干路的进入功能是指向沿线的住宅、建筑物、设施等的出入功能。在不妨碍城市道路交通的情况下，在路上临时停车、装卸货物，公共交通停靠站等也属于这种功能。

2. 公共空间功能

作为城市生活环境必不可少的空间，公共空间有道路、公园等。近年来，随着城市建设的高度发展，城市土地的利用率越来越高，再加上建筑物的高层化，城市道路这一公共空间的价值显得更为可贵。这表现在除采光、日照、通风及景观作用以外，还为城市其他设施提供布置空间，如为电力、电讯、燃气、自来水管及排水管等的供应和处理提供布置空间。

在大城市或特大城市中，地面轨道交通、地下铁道等也往往敷设在城市道路用地内，在市中心或大交叉口的下面也可埋设综合管道等设施。此外，电话亭、火灾报警器等也有沿街道设置的。

3. 防灾救灾功能

这包括起避难场地作用、防火带作用、消防和救援活动用路的作用等。

在出现地震、火灾等灾害时，在避难场所避难，具有一定宽度的道路可作为避难道使用。此外，为防止火灾的蔓延，空地或耐火构造极为有用，道路和具有一定耐火程度的构造物连在一起，则可形成有效的防火隔离带。

4．形成城市结构功能

从城市详细规划的步骤来看，第一步便是进行道路网及道路红线的规划，这便足以说明城市道路在形成城市骨架中的作用。从城市规模来看，主干路是形成城市结构骨架的基础设施，对于小一些的区域，道路则起着形成邻里居住区、街坊等骨架的作用。

从城市的发展来看，城市是以干路为骨架，并以它为中心向四周延伸。从某种意义上说，城市道路网决定了城市结构，反之，城市道路网的规划，也取决于城市规模、城市结构及城市功能的布置，两者相互作用，相互影响。

二、城市道路的组成

城市道路一般包括各种类型、各种等级的道路（或街道）、交通广场、停车场以及加油站等设施，在交通高度发达的现代城市，城市道路还包括高架道路、人行过街天桥（地道）和大型立体交叉工程等设施。

在城市道路建筑红线之间，城市道路由以下各个不同功能部分组成：（1）车行道——供各种车辆行驶的道路部分。其中供汽车、无轨电车等机动车辆行驶的称机动车道；供自行车、三轮车等非机动车行驶的称非机动车道；供轻轨车辆或有轨电车行驶的称有轨电车道。（2）路侧带——车行道外侧缘石至道路红线之间的部分。包括人行道、设施带、路侧绿化带三部分，其设施带为行人护栏、照明杆柱、标志牌、信号灯等设施的设置空间。（3）分隔带——在多幅道路的横断面上，沿道路纵向设置的带状部分，其作用是分隔交通，安设交通标志及公用设施等。分隔带有中央分隔带和道路两侧的侧分带，中央分隔带用以分隔对向行驶的机动车车流，侧分带则是用以分隔同向行驶的机动车和非机动车车流。分隔带亦是道路绿化的用地之一。（4）交叉口和交通广场。（5）停车场和公交停靠站台。（6）道路雨水排水系统，如街沟、雨水口（集水井）、窨井（检查井）、雨水管等。（7）其他设施，如渠化交通岛、安全护栏、照明设备、交通信号（标志、标线）等。

三、城市道路的特点

与公路及其他道路相比较，城市道路有如下特点：

（一）功能多样，组成复杂

城市道路除了交通功能外，还兼有其他多项功能。因此，在道路网规划布局和城市道路设计时，都要体现其功能的多样性。城市道路的组成比一般公路要复杂些，这给城市道路的规划设计带来一些特点。

（二）行人、非机动车交通量大

公路在设计中一般只考虑汽车等机动车辆的交通问题，城市道路由于其行人、非机动车交通需求量大，必须对人行道、非机动车道做专门的规划设计。

（三）道路交叉口多

由城市道路的功能已经知道，它除了有交通功能之外，还有沿路利用的功能。加之一个城市的道路是以路网的形式出现的，要实现路网的"城市动脉"功能，频繁的道路交叉口是不可缺少的。就一条干线道路来说，大交叉口约 800~1 200m 便有一个，中、小交叉口则 400~500m 就可能有一个，有的交叉口间距可能更小一些。所以，道路交叉口多是城市道路的又一个明显特点。

（四）沿路两侧建筑物密集

城市道路的两侧是建筑用地的黄金地带，道路一旦建成，沿街两侧鳞次栉比的各种建筑物也相应建造起来，以后很难拆迁房屋拓宽道路。因此，在规划设计道路的宽度时，必须充分预计到远期交通发展的需要，并严格控制好道路红线宽度。此外，还要注意建筑物与道路相互协调的问题。

（五）景观艺术要求高

城市干道网是城市的骨架，城市总平面布局是否美观、合理，在很大程度上首先体现在道路网，特别是干道网的规划布局上。城市环境的景观和建筑艺术，必须通过道路才能反映出来，道路景观与沿街的人文景观和自然景观是浑然一体的，尤其与道路两侧建筑物的建筑艺术更是相互衬托，相映成趣。

（六）城市道路规划、设计的影响因素多

城市里一切人和物的交通均需利用城市道路。同时，各种市政设施、绿化、照明、防火等，无一不设在道路用地上，这些因素，在道路规划设计时必须综合考虑。

（七）政策性强

在城市道路规划设计中，经常需要考虑城市发展规模、技术设计标准、房屋拆迁、土地征用、工程造价、近期与远期、需要与可能、局部与整体等问题，这些都牵涉到很多有关方针、政策。所以，城市道路规划与设计工作是一项政策性很强的工作，必须贯彻实行有关的方针、政策。

上述城市道路七个方面的特点，是道路规划设计人员理应了解和掌握的。对这些特点理解得越透彻，工作起来越得心应手，工作成果就越令人满意。

第三节　城市道路分类分级及红线规划

一、城市道路分类分级的目的

要实现城市道路的四个基本功能，必须建立适当的道路网络。在路网中，就每一条道路而言，其功能是有侧重面的，这是在城市规划阶段就已经赋予的，也就是说，尽管城市道路的功能是综合性的，但还是应突出每一条道路的主要功能，这对于保证城市正常活动、交通运输的经济合理以及交通秩序的有效管理等方面，都是非常必要的。

进行城市道路分类分级的目的在于充分实现道路的功能价值，并使道路交通运输更加有序，更加有效，更加合理。

道路分类方法是建立在一定视角之上的。例如：根据道路在规划路网中所处的交通地位划分，有主干路、次干路和支路；根据道路对城市交通运输所起的作用划分，则有全市性道路、区域性道路、环路、放射路、过境道路等；根据道路所处的城市地理环境划分，有中心区道路、工业区道路、仓库区道路、文教区道路、生活区道路及游览区道路等。

可以肯定，功能不分、交通混杂的道路系统，对一个城市的交通运输乃至整个城市的正常运转和发展都是相当有害的。现代城市道路必须进行明确的分类分级，使各类各级道路在城市道路网能充分地发挥其作用。

二、我国城市道路分类分级

（一）道路分类

我国的《城市道路设计规范》依据道路在城市道路网中的地位和交通功能以及道路对沿路的服务功能，将城市道路分为四类，即城市快速路、城市主干路、城市次干路和城市支路。

1. 城市快速路完全是为机动车辆交通服务的，是解决城市长距离快速交通的汽车专用道路。快速路应设中央分隔带，在与高速公路、快速路和主干路相交时，必须采用立体交叉形式，与交通量不大的次干路相交时，可暂时采用平面交叉形式，但应保留修建立体交叉的可能性。快速路的进出口采用全部控制或部分控制。

在规划布置建筑物时，在快速路两侧不应设置吸引大量人流、车流的公共建筑物出入口，必须设置时，应设置辅助道路。

2. 城市主干路是以交通功能为主的连接城市各主要分区的干线道路。在非机动车较多的主干路上应采取机动车与非机动车分行的道路断面形式，如三幅路、四幅路，以减少机动车与非机动车的相互干扰。

主干路上平面交叉口的间距以 800 ~ 1 200m 为宜，道路两侧不应设置吸引大量人流、车流的公共建筑物出入口。

3. 次干路是城市内区域性的交通干道，为区域交通集散服务，兼有服务功能，配合主干路组成城市干道网络，起到广泛连接城市各部分及集散交通的作用。

4. 支路是以服务功能为主的，直接与两侧建筑物、街坊出入口相接的局部地区道路。

（二）城市道路分级

城市道路的分级主要依据城市规模、设计交通量以及道路所处的地形类别等来进行划分。

大城市人口多，出行次数频繁，加上流动人口数量大，因而整个城市的客货运输量比中、小城市大。另外，市内大型建筑物较多，公用设施复杂多样，因此，对道路的要求比中、小城市高。为了使道路既能满足使用要求，又节约投资和用地，我国《城市道路设计规范》规定，除快速路外，各类道路又分为Ⅰ、Ⅱ、Ⅲ级。一般情况下，道路分级与大、中、小城市相对应。

我国各城市所处的地理位置不同，地形、气候条件各异，同等级的城市其道路也不一定采用同一等级的设计标准，而应根据实际情况论证地选用。如同属大城市，但位于山区或丘陵区的城市受地形限制，达不到Ⅰ级道路标准时，可经过技术经济比较，将技术标准做适当变动。又如一些中小城市，若系省会、首府所在地，或特殊发展的工业城市，也可根据实际需要适当提高道路等级，要强调的是，无论提高或降低技术标准，均需经过城市总体规划审批部门批准。

注：①设计车速在条件许可时，宜采用大值；

②改建道路根据地形、地物限制、拆迁占地等具体困难时，可选用适当等级；

③城市文化街、商业街可参照次干路及支路的指标。

三、道路红线规划

（一）红线规划的作用

所谓道路红线是指道路用地与城市其他用地的分界线，道路红线宽度即为道路的规划路幅宽，它为道路及市政管线设施用地提供法定依据。

在做城市规划的道路网规划时，首先要确定路网形式、路网组成、各条道路的功能性质、走向和平面位置，然后要具体解决城市道路以及和道路相关的各项建筑、市政管线工程的近、远期建设问题。规划道路红线也就是规划道路的边线，红线的作用是控制街道两侧建筑不能侵入道路用地。

从规划红线的意义和作用来看，不仅要全面考虑城市每条道路的布局问题，还要提出每条道路的技术设计原则，以便合理解决各局部地区各项工程的设计及建设的协调问题。

（二）红线规划设计内容

1. 确定红线宽度

红线宽度也即路幅宽度，它是道路横断面中机动车道、非机动车道、人行道、设施带、绿化带等各种用地宽度的总和，包括远期发展用地。

红线宽度是城市规划中路网规划的主要内容之一，也是整个城市建设用地矛盾和近、远期设计矛盾的焦点之一。红线宽度规划得太窄，不能满足日益发展的城市交通和其他各方面的要求，给以后道路改建带来困难；反之，红线定得太宽，近期沿线各种建筑物就要从现在的路边后退很大的距离，给近期建设也带来矛盾，同时还会造成用地的不必要浪费。所以，红线宽度的确定要充分考虑"近远结合，以近为主"的原则。

对于新建道路，应根据各城市各时期的城市交通和城市建设特点，尤其注意道路的远景发展趋势，适当留有发展余地。对于现有的狭窄的、交通矛盾比较突出的道路，规划时均应多留有余地，以备将来条件成熟时逐步拓宽；对于目前矛盾尚不大的干道，应根据道路地位的重要程度、流量大小以及两侧建筑和用地情况，有区别地比现状适当加宽，为将来交通发展留有余地；有些道路沿街建筑确实很好，将来亦无条件拓宽或交通流量不大、两侧房屋在相当长的时期不会改建的支路，红线可维持现状不动。

全国各城市干道红线宽度标准不尽相同，如北京为 $60 \sim 90m$；天津为 $35 \sim 50m$；武汉为 $40 \sim 60m$；上海为 $32 \sim 40m$；广州为 $38 \sim 47m$；石家庄为 $45 \sim 60m$。道路红线宽度没有统一标准，它与城市的基础有关。

2. 确定红线位置

道路红线的平面位置依赖于道路中线的定位。通常是在城市总平面图基本定案的基础上，确定道路的中心线位置，然后按所拟定的道路横断面宽度，划出道路红线。

红线的实现有三种方式：（1）新区道路：一般是先划定道路红线，然后建筑物依照红线逐步建造，道路则参照规划断面，分期修建，逐步形成。（2）通过近期一次辟筑达到规划宽度，这种情况较简单，但目前是少数。（3）通过两侧建筑物按照规划红线逐步改建而逐步形成。这种方式在实际建设工作中经常采用。红线划定后，由于近期交通矛盾尚不突出，或由于拓宽、辟筑没有条件，因此道路暂不改建。但两侧建筑物的新建、改建则是经常有的，这些都要依照红线建造。这样通过建筑物长期的新陈代谢，逐步实现道路的规划红线宽度。

道路红线的实地定位是件政策性很强的工作，涉及城市建设诸方面的技术经济问题，应该全面考虑红线实现的全过程中可能出现的情况和各种矛盾，通过调查研究，妥善处理道路与沿线建筑的关系。

3. 确定交叉口形式

城市道路交叉口分平面交叉和立体交叉两大类别。平面交叉口又分一般平面交叉、拓宽渠化交叉和环形平面交叉三个类型；立体交叉则有苜蓿叶型、环型、喇叭形、菱形、定向式等多种平面形式。不同类别、不同形式的交叉口，其用地范围、大小、具体位置等各不相同。而道路交叉口是道路的主要组成部分，因此在规划道路红线时，应同时确定交叉口的远期和近期形式，以便规划道路交叉口处的道路红线，从而使道路红线规划趋于完整。

4. 确定道路的控制点的坐标和高程

规划道路中线的转折点和各条道路的相交点，这些点就是道路的控制点。控制点可直接用测量仪器实地测量，也可以依据可靠的地形图计算其坐标和高程。

总之，城市道路的红线规划包括红线宽度、红线平面位置、交叉口形式和道路控制点规划等四个方面的内容。这四个方面的内容是紧密相连的，因此在实际规划工作中，应同时考虑。

第三章　城市对外交通规划设计

第一节　一般规定

（一）城市对外交通规划目标

城市对外交通中铁路、公路、海港、河港、机场等系统的规划，应根据城市总体规划和上位系统规划，合理确定其在城市中的功能定位和规划布局，以满足交通运输和城市发展的需要。

（二）城市对外交通规划的主要内容

城市总体规划阶段的城市对外交通规划应根据经济发展做出交通预测和分配，并进行规划。

1. 铁路客货运量、规模、铁路线路、站场布局规划等。

2. 长途客货运量、公路网规划、客货运设施规划等。

3. 水运客货运量、规模、航道布局及通航等级规划、岸线利用规划、海港、河港布局规划等。

4. 空运客货运量、规模、机场布局规划等。

（三）城市对外交通规划布局

城市规划区内的铁路、公路、水运、空运等运输方式应相互配合和衔接，并与其他交通方式形成结构合理、高效便捷的城市综合交通网络。妥善处理好城市对外交通规划与其他相关规划之间的衔接。

1. 铁路规划

城市规划区范围内的铁路设施布局和规模，应与城市规划布局和土地使用及其他交通设施布局相协调。

2. 公路规划

（1）公路应与城市规划区内的城市主要道路相衔接。

（2）高速公路进入城市规划区应满足城市规划布局的相关要求。

3. 海港、河港规划

（1）港区的改造或置换应与城市规划布局和周围环境相协调。

（2）对环境影响比较大的危险品码头，矿、煤、建材等散货码头规划应远离市中心，应布置在城市的下风向或江河的下游，并符合环境评价要求和相关规范规定的要求。

4. 机场规划

（1）机场与主城区应有一定的安全距离。

（2）机场与城市间的交通衔接应顺畅、便捷，规划机场专用道路应与城市干道系统衔接。

（3）根据客运交通需要，机场与城市之间可规划轨道交通。

（四）城市对外交通枢纽

城市规划区内的铁路、公路、海港、河港、机场、市内交通等交通方式相互衔接，并在具有一定客、货运量时，应设置交通枢纽。交通枢纽的用地规模应按城市交通发展的远期目标进行控制，可分期建设。交通枢纽中各相关交通方式应紧密衔接，方便换乘。交通枢纽可分为大型、中型和小型交通枢纽。

（五）城市对外交通与城市市内交通的换乘

铁路客运站、长途汽车站、水运客运站、机场是城市的重要交通节点，要根据客运量，规划站前广场、公交线路站场和出租汽车站以及相应的公共停车场、库，有轨道交通规划的城市，还应考虑轨道交通与铁路客站、机场等对外交通节点联通。

铁路、公路、海港、河港、机场等货运中转应有良好的集疏运条件。

（六）线路交叉的规定

城市规划区内的铁路、高速公路、快速路、城市干道等相交，包括高速公路与城市道路相交，应采用立体交叉形式。

一级公路与城市主干路相交，宜采用立体交叉形式；与次干路、支路相交，宜采用分离式交叉形式，当采用平面交叉形式时，应设置交通管制设施。

（七）规划控制与保护

城市总体规划确定的远期对外交通设施用地，在城市建设过程中应该严格控制与保护，不得擅自更改其使用性质。

（八）城市对外交通市政配套规划

1. 电源：重要设施宜引入两路独立的或专用的可靠外电源，并满足负荷要求。

2. 供水：供水水源宜纳入城市供水系统。当引用城市供水有困难时，可采用独立的供水系统。

3. 通信：包括有线通信及无线移动通信，重要地区应布置通信专线。

4.雨水：雨水宜纳入城市雨水排水系统。特殊地区可设独立的雨水排水系统设施，以及其他防洪、排涝设施。

5.污水：污水应在达到接管标准后纳入城市污水管网系统。当纳入城市污水管网有困难时，应采用独立的污水处理设施，达到国家规定的排放标准并满足纳污水体的要求。

6.供气：燃气设施应纳入城市燃气（煤气、天然气或液化石油气）系统。

第二节　铁路规划设计

一、铁路规划

城市规划区内的铁路规划，应根据国家铁路网规划、城市总体规划，在城市对外交通系统中统筹安排。

（一）铁路规划内容

铁路在城市对外交通系统中的地位、规划原则、客货运量预测、线路及站场、铁路设施布局与规模、近期及远期规划等。

（二）铁路设施

铁路客运站、货运站场、编组站、集装箱中心站或办理站、客车整备所、车辆段、机务段、工务段、电务段、动车段或动车运用所等站段设施，干线铁路、枢纽内铁路疏解线、联络线及专用线等线路设施，以及为军事、城市邮政等服务的军供站、邮件转运站等。

（三）特大城市、大城市、铁路枢纽所在城市可在城市总体规划指导下进行铁路专项规划。

（四）具体的铁路线路、站场等建设项目，应当在城市规划布局指导下进行选线、选址规划，划示控制线。

（五）铁路规划应考虑的主要因素

1.铁路经过的城市，一般应设置一个或一个以上的客运站、货运站，或客货混合站。车站规模、等级应根据城市发展规模、客货运量等确定。

2.有两条以上规划铁路干线线路引入的城市，一般应设置铁路枢纽。

3.城市规划区范围内满足铁路专用线规模要求的工矿企业以及具有一定规模的城市工业区或港口，宜考虑设置铁路专用线及工业站或港湾站。

4. 城市规划区内铁路客运站、货运站的设置，应与其他交通运输方式相衔接。

5. 高速铁路（快速铁路）引入的城市，应规划高速铁路（快速铁路）车站用地以及相关的设施用地。

二、铁路枢纽

位于铁路网中铁路干线交汇点或端点的城市，应根据引入铁路的数量及其在铁路网中的地位与作用、城市规模和布局等因素设置不同类型和规模的铁路枢纽。

三、铁路线路

应明确铁路线路的走向。铁路线路的线位应与城市土地使用规划相结合，并满足与枢纽内客运站、编组站等连接和径路合理的需要。

四、铁路客运站

1. 应根据城市性质、人口规模、布局、干线引入方向，以及在全国或地区的地位和作用等因素明确主要客运站的布局及规模。

2. 客运站的规划布局，即中小城市宜靠近市区，大城市宜布置在主城区。设两个及以上客运站时，应结合铁路和城市规划布局，确定其分工和规模。

3. 铁路客运站应与城市交通相互衔接，为旅客出行和集散提供良好的通达性和便捷的换乘条件。

4. 客运站站前广场用地的规模和布局应满足旅客集散和城市交通衔接的需要，符合旅客进出站和换乘的安全、方便和迅速的要求。

5. 站前广场的交通规划，应方便乘客，有利集散，合理组织人行流线和车行流线。

五、铁路货运站和货场

1. 大城市和铁路枢纽所在的城市，应结合城市发展情况，根据城市到发货运量及类别，确定货运站场布局。中小城市一般宜在中间站设置货场。

2. 应根据服务功能需要，结合城市土地使用规划，合理布局综合性货场和各类专业性货场。有大量集装箱货源的城市，宜考虑设置集装箱中心站或集装箱办理站。

3. 货运站场选址应结合铁路线路布局，宜临近货源集中地，避开城市居民区。

六、铁路编组站、工业站、港湾站

1. 编组站宜布局在城市郊区，多条铁路干线引入的汇合处；宜考虑主要干线车流运行顺直，缩短干线列车走行距离。

2.具有一定规模、满足设站要求的工矿企业、工业区、港口，宜考虑设置工业站、港湾站。

七、铁路机车车辆段、所

1.机车车辆、客车整备等设施，应结合机车车辆运用组织和城市土地使用规划，综合考虑其布局及规模。

2.机务段、货车车辆段宜布局在编组站或区段站附近，客车车辆段、动车段或动车运用所、客车整备所宜布置在有一定始发终到作业的客运站附近。

八、铁路设施的改造

1.市区内现状铁路线路、站场及相关设施，需要调整其功能和规模的，应结合城市和铁路规划布局统筹安排。

2.市区内货运站场宜结合铁路和城市发展逐步外迁，涉及铁路线路、站场等设施搬迁时，应结合城市和铁路规划布局统筹安排。

九、铁路用地

1.应根据地形、地貌等因素确定对铁路线路的控制宽度、铁路线路的控制范围，干线宜按照外侧轨道中心线以外 20 米控制，支线宜按照外侧轨道中心线以外 15 米控制。

2.铁路线路、站场及相关设施规划用地，应满足城市和铁路布局统筹规划。

3.除铁路建设实际征用土地外，尚应考虑安全防护隔离用地需要。

第三节 公路规划设计

一、公路规划范围

为沟通城市或主城区与外界联系的快速干线、一般干线及其相应附属设施均为公路的规划范围。

二、公路系统布局规划

1. 公路系统规划应适应和促进城市的发展，满足城市对外客货运的安全和畅通要求。公路系统的形式和布局应根据城市规划布局、土地使用规划、客货交通流量和流向等情况合理确定。大城市对外通道每个方向宜有不少于两条对外放射的公路，并与城市主要道路衔接，形成多层次、多通道、多功能、网络化的结构。

2. 公路主要分为快速干线、一般干线。快速干线包括高速公路；一般干线包括一级公路、二级公路、三级公路。大城市以上城市一般干线的规模宜为快速干线的 2 ~ 3 倍。

三、大型对外交通设施连接道路

1. 应规划设置专用道路与机场连接。道路等级应为快速路、高速公路或一级公路。

2. 应规划相对独立的疏港道路与港口连接。道路等级应为快速路、主干路、高速公路或一级公路。

3. 应规划设置快速、便捷的集散道路与铁路客站连接。道路等级应为快速路、主干路、次干路、高速公路或一级公路。

四、过境交通的疏导

1. 平原城市可设置城市外环路，疏导过境交通，沟通与外界的联系。当采用其他形式的过境公路时，应避免与城市道路相互干扰。

2. 大城市、山地城市宜设置绕城高速公路，中小城市宜设置对外交通公路，避免过境交通道路影响城市市内交通。

五、公路隔离带控制

1. 城市规划区内高速公路在其公路红线两侧一般应控制不小于 50 米宽的绿化隔离带，一级公路在其道路红线两侧一般应控制 20 ~ 50 米宽的绿化隔离带，二级、三级公路在其道路红线两侧一般应控制 10 ~ 30 米宽的绿化隔离带。

2. 城市外环路在其道路红线外侧宜控制 50 ~ 100 米宽的绿化隔离带，内侧宜控制 20 ~ 50 米宽的绿化隔离带。

六、公路沿线相关设施

安全保护区范围城市规划区内的大中型公路桥梁两侧各 50 米，公路隧道上方和洞口外 100 米为规划的安全保护区范围；山地城市安全保护区范围根据城市规划布局确定。

七、公路的相关交通设施

1. 公路规划中配置的对外客运站、货运站、社会停车场和交通广场的布局应根据城市规模、运量等来确定用地规模，宜一次规划、分期实施。

2. 客运站宜结合城市对外交通的主要方向、城市对外交通枢纽设置。特大城市、大城市宜结合主城区附近均衡布置，中小城市宜布置在市中心外围附近。

3. 货运站宜结合工业区、仓储区、物流区等规划布局。

4. 社会停车场应按其衔接的交通方式，结合城市规划布局要求设置。

5. 交通广场应按照对外交通产生的最大集聚人流确定和设置。

6. 高速公路服务区的间距宜控制在 30 ~ 50 公里。在服务区之间宜设置停车区。

第四节 海港规划设计

一、港口性质和规模

港口的性质和规模应根据所处地域区位、腹地经济条件，城市社会、经济发展规划和产业发展水平、特征和前景、客货流量及交通集疏运条件来确定。

港口性质可分为商港、工业港、旅游港、客运港、渔港、专业港等。

港口规模可分为枢纽港、重点港、一般港。

二、海港选址规划

海港的选址应对港址进行区域经济地理的多方案的比选和论证，符合城市规划布局。海港选址要综合考虑自然地理条件、技术条件和经济条件等因素。

1. 自然地理条件

自然地理条件决定港址的技术基础，主要包括水域条件、水域的掩护条件、地质条件和陆域条件等要素。

2. 技术条件

技术条件主要指港口总体布局在技术上进行设计和施工的可能性，包括防波堤、码头、进港航道、锚地、回转池、港池等。

3.经济条件

经济条件主要指海港的性质、规模、腹地、集输运条件、港口运营、资金筹措、经济效益等方面的经济合理性。

三、港口规划布局

1.按照城市功能布局的需要，充分利用海港的自然条件，科学选择港口位置，统筹兼顾、统一规划，妥善处理港口与城市之间的关系。

2.港口的集疏运交通系统规划，首先应协调港口与城市的交通衔接，协调港口与铁路、公路、内河港区等各类交通运输设施的衔接，提高港口的综合运输能力。

主要疏港道路不应穿越市中心，宜从城市的一侧与城市道路网络连接，减少疏港运输对城市交通的干扰。

3.符合城市环境规划的要求，避免对城市公共安全和公共卫生的影响，对污染环境、易燃易爆危险品等的码头，应单独选址，避开主城区、人口密集地区、城市水源保护区、风景游览区、海滨浴场等区域，保持一定的间距，并应布置在城市的下风向。

4.海港的建设宜利用荒地、劣地，尽量不占用或少占用农田，避免大量拆迁，注意节约用地。

四、岸线使用规划

1.深水深用，浅水浅用，高效合理地使用岸线，各得其所。满足港口的使用要求，符合城市规划布局的要求。

2.统筹兼顾，合理规划，科学地协调好航运、工业、仓储、市政、生活和生态绿化等岸线之间的关系，避免相互干扰。

3.近远期规划相结合，为港口的发展留有余地。

4.海港城市必须保留一定比例的生活岸线，供市民休闲游憩。

5.危险品码头岸线的使用必须考虑城市的安全性。

五、港区陆域布置

1.综合规划、协调不同功能区域的相互关系，并满足港口装卸、港口库场、港内道路、生活辅助设施等用地要求。

2.港区陆域布置应根据装卸工艺流程和自然条件，科学布置各种运输系统，合理地组织港区货流和人流，减少相互干扰。

六、码头陆域用地

码头的长度应根据设计船型尺度要求，满足船舶安全靠离作业和系缆的要求。码头的陆域纵深应满足货物装卸运输的要求。

1. 件杂货码头。陆域纵深一般宜按 350 ~ 450 米控制。件杂货码头前沿一般不宜设铁路装卸线。

2. 集装箱码头。陆域纵深宜按 500 ~ 600 米控制。

3. 多用途码头。陆域纵深宜按 500 ~ 600 米控制。

4. 散装货码头。陆域纵深一般宜按 350 ~ 450 米控制。

5. 石油化工产品和危险品码头。石油、化工品码头等后方储罐区的面积可根据石油、化工品的储量、储存期和储存工艺经计算确定。危险品码头应按货运量和危险品货物在港口的储存周期计算危险品储存设施的规模。

6. 矿石、煤炭及建筑材料码头。一般的矿石、煤炭码头（船型在 5 万吨级以下）采用顺岸式或突堤式时陆域纵深一般宜按 400 ~ 600 米控制。

远洋超大型船舶停靠的大型矿石、煤炭中转码头后方的堆场面积应根据货物中转量和货物堆存期计算确定，后方规划陆域面积一般宜按 30 ~ 40 万平方米 / 货物中转量千万吨。

7. 客运码头。根据港口客运站建筑设计有关规定，客运站建筑规模按旅客聚集量的数量分级，并规划各类用房的面积。国际客运站的平面布置应符合联检要求。

客运站应与城市交通相互衔接，为旅客出行和集散提供良好的通达性和便捷的换乘条件。站前广场规模和布局应满足旅客集散和城市交通衔接的需要。

七、港区外围配套设施

货物集散、中转仓库、专用铁路、进港道路及内河航运和内河港区等设施应符合城市和港口布局规划。

八、海港与内河航道衔接

内河航道宜引入海港，应协调与海港道路、铁路的交叉，减少相互间的影响。

第五节　河港规划设计

一、河港岸线

1. 规划岸线按功能分为港口岸线、停泊锚地岸线、水利与通航设施岸线、市政企事业岸线、旅游岸线和景观岸线等。

2. 岸线规划应符合城市规划布局与建设的需要，根据城市的水、陆域与环境条件、统筹规划、综合开发，科学地处理各区段的功能关系。

3. 岸线利用应贯彻深水深用、浅水浅用的原则合理使用。

4. 岸线规划应远近结合，水域、陆域布局要留有发展余地，应根据港口功能，合理规划，节约使用岸线。

二、河港规划

1. 河港规划应根据城市总体规划、吞吐量预测等规划布局，并留有余地。

2. 河港规划前应根据装卸作业船舶的大小与数量确定港池作业区、掉头水域与待锚地区、航道或引航道区等的水域范围。

3. 河港规划后方陆域应根据货物种类和吞吐量确定装卸作业区，货物堆场、生活和管理用房等陆域规划用地面积。有条件的地区可规划城市货物集散中心。

4. 根据河港规划规模与需要，其疏港交通应与城市主干道或快速道路、高速公路有便捷的联系。根据论证确有需要的可设专用铁路。

5. 河港规划的选址应根据城市规划布局与港口规划的需要，选在航道河床稳定、水流平稳，船舶进出方便、集疏运条件良好，后方陆域相对开阔处。

6. 河港规划的选址应与上水取水口保持一定的安全距离、符合环保要求。

7. 河港规划的布置应满足水利、通航、桥梁与市政设施等安全距离的需要。

8. 专业码头应符合城市规划布局和内河航道规划布局的需要。

9. 客运港根据城市发展需要确定用地规模。客运站应与城市交通相互衔接，为旅客出行和集散提供良好的通达性和便捷的换乘条件。站前广场规模和布局应满足旅客集散和城市交通衔接的需要。

10. 水上旅游规划应根据城市性质、功能定位，结合航道水资源条件，有条件的区域可进行水上旅游规划。

11. 货运站的设置，应与其他有关的交通运输方式紧密衔接。

三、停泊锚地

1.停泊锚地应根据城市总体布局要求，设置在市区边缘或城镇的外侧，有便利的道路相衔接，方便船民进出城镇。

2.停泊锚地应布置在水流条件较好的地段，不应影响航道船舶的安全航行。

3.停泊锚地后方宜配备一定的商业、文化、娱乐、维修、生产与生活补给等设施。

四、内河航道等级

航道规划应与水利规划、城市用地规划协调。内河航道的等级标准与航道尺度要素，应符合内河通航的有关要求。

五、河港水域与码头陆域用地

1.河港水域

按规划确定港池作业区，应按设计船型规划船舶进出港池的掉头水域区，符合河港工程总体设计有关要求布置待锚地区。

2.码头陆域用地

按规划确定港区规划用地，应根据码头规模与集疏运条件，按河港工程设计的有关要求配备进港与港区铁路、道路、客运站、给排水设施、供配电、照明、通信等设施及管理、辅助生产与生活等设施。

码头陆域部分用地，应按河港工程设计中有关规定计算确定。

第六节　机场规划设计

一、航空运输规划

1.城市或地区的航空运输需求量应依据城市的性质、功能、规模、发展前景、经济水平和交通结构等进行预测，并提出比选方案作为确定机场建设规模的依据。

2.开辟航线、适用机型等航空运输业务应满足城市对外交通的需求。

二、机场布局规划

1.新建、改建和扩建民用机场时，应根据地区和城市经济社会发展需要确定。

2.机场布局规划应根据城市总体规划、区域规划和全国民用机场的布局规划，满足机场安全运行和发展需求，合理控制机场的净空、电磁环境及其周边土地使用。

3.机场布局应与城市规划布局协调共容、共同发展，机场外公用配套设施应与城市基础设施系统相协调。

三、机场场址规划

1.机场位置的确定应根据民用机场建设和有关规定，结合所在城市和区域的规划要求进行场址的比选和论证。

2.机场位置应便于城市和可能辐射的邻近地区使用，一般中小机场距离城市中心宜为 10 ~ 20 公里或 15 ~ 30 分钟车程，大型机场距离城市中心宜为 20 ~ 40 公里或 30 ~ 60 分钟车程。

3.场址净空应符合民用机场飞行区有关技术要求，机场的空域应能满足机场的飞行量和飞行安全的要求。机场场址选择应使跑道轴线方向避免穿越城市市区，宜放在城市侧面相切的位置，跑道中心线延长线与城市市区边缘的垂直距离应在 5 公里以上；如果跑道中心线延长线通过城市，靠近城市的一端与市区边缘的距离应大于 15 公里。

4.机场场址选择应与邻近机场合理协调使用，满足与现有邻近军、民用机场空域使用的相容性要求。

5.机场场址应满足环境保护要求，对修建机场产生的新的污染源必须进行环境评估，场址应能保证飞机起降方向避开对飞机噪声敏感的地区。

6.机场场址应具有满足机场建设需要的地形、工程地质、水文地质及气象条件。

7.机场场址的选择应符合经济和节约土地的要求，不宜占用良田，减少动迁和移民，降低土石方工程量和利用地方建筑材料，节约机场建设费用。

四、机场数量、类别、规模和等级

（一）机场的数量和类别

1.已有机场因无条件扩建且航空运输业务量又继续增长的情况下，可规划建设第二机场。

2.根据城市规模、性质、航空业务量需求、航线等因素确定大型枢纽机场、中型枢纽机场、一般干线机场和支线机场。

（二）机场的规模和等级

1.机场规模、等级按飞行区指标和规划目标年的旅客吞吐量划分。

2.机场的用地规模应按照其性质、等级、跑道数量、布置形式、运行方式、航站楼和附属设施,以及机场与城市的地面交通方式等综合确定。机场用地规模宜按0.5～1公顷/每万人次·年客运量估算,规划将民用机场分为大、中、小三种规模。

五、机场的交通规划

(一)机场与城市间的交通

1. 机场与城市的交通联系方式应按照交通流量、距离和服务标准,结合机场性质、发展规模及地区交通规划确定。

2. 设置国际机场的大城市,机场与城市联系的道路应规划为机场专用的高等级道路,并与城市干道系统紧密衔接。其他大型机场所在城市,宜规划建设专用道路。专用道路可采用高速公路或快速道路的规划标准。利用公路作为机场与城市联系道路的,规划选线应便捷。

3. 机场内外的地面交通道路应合理衔接,统一规划。

4. 根据机场客运交通发展要求,机场与城市间可采用轨道交通的方式,并布置相应的交通换乘枢纽。

5. 合理组织机场与城市间的道路客货运交通。年旅客吞吐量1000万人次以上的机场,应规划客货分开运行的地面交通;年旅客吞吐量小于1000万人次的机场,宜规划一个以上的交通进出口。

6. 大城市应根据机场规模及机场与城市分布等情况设置航空站。航空站可设置在市区的边缘或大城市市中心边缘,处于通向机场方向的位置上,并与城市的干道系统或机场专用道路直接相连。

(二)机场与水运、铁路

1. 沿海或沿江的具有水运条件的机场,宜规划水运交通航线和客、货运码头,以及其通往机场旅客航站区和货运区的道路。

2. 根据机场客货运输要求及区域铁路网络条件,机场可布置铁路专用线。

(三)机场总平面规划

1. 机场用地应根据飞行区、旅客航站区、货运区、工作区等各设施的功能及其相互关系进行布局,并与场外地区规划相衔接。

2. 机场总平面规划应统一规划、分期建设,节约和集约使用土地,并留有发展余地。机场内外供电、供水、供气、通信、道路、排水等设施应与城市各系统之间合理衔接。

3. 机场周边地区交通组织应按照航站楼和货运站的交通设施规模、停车场库设施应满足机场客、货运发展要求等进行规划。航站楼广场应根据旅客吞吐量设置一定数量的公交线路、出租车停车线路,以及一定比例的社会停车场面积。

六、机场辅助设施规划

1. 空中交通管制系统和助航灯光系统

导航台、雷达站应选择在交通方便，靠近水源、电源的地点，避开城镇的发展区域。机场目视助航设施应与地形地貌和周围环境相协调，符合专业技术规定。机场附近应控制非航空地面灯的设置。

2. 机场供油设施

铁路或码头卸油站应设在靠近机场有铁路专用线接轨条件或码头建造条件的地方，合理确定卸油站至机场使用油库的输油管线走向与路由。

装卸油站及中转油库场址应具有良好的地形、地质、排水、防涝、防洪等条件，交通方便，并具备能满足生产、消防、生活所需的水、电源的条件。

3. 机场急救、消防等设施

合理确定机场消防保障等级，配备设施应与城市建立专用的通信通道。靠近江、河、海边的机场还应布置水上救援设施。

七、机场环境保护与周边地区规划

（一）机场净空限制

机场规划应规定障碍物限制面，按照批准的机场规划净空限制图，严格控制机场内外一定范围内新建建（构）筑物的高度。

（二）机场噪声防护

对机场噪声影响必须提出应对规划方案和噪声防护措施，对机场噪声级大于75分贝的地带应限制发展居住、文教建筑，大于75分贝地带的现有建筑物应采取规划防护措施。

（三）机场电磁环境保护

规划应按照有关规范、行业标准，严格控制各个无线电导航台站周围的建设。

（四）机场附近供电线路

机场附近供电线路布置应符合机场净空、导航台站电磁环境要求及有关规范、标准，并与机场建筑物、构筑物及其景观相协调。

（五）机场周边地区土地使用规划

1. 机场周围土地使用应根据噪声环境标准及预测的飞机噪声强度等值线图，进行功能分区、合理规划和综合开发建设。

2. 机场周围土地使用和建设规划，必须符合按照国家规定划定的机场净空保护区域对影响飞行安全的建筑物、构筑物、树木、灯光、架空高压线等障碍物体的要求，以及航空无线电导航台站对电磁环境的要求。

3. 机场周围土地使用规划应明确产业导向，建设项目选择应避免发生鸟害影响。

第四章　城市轨道规划设计

第一节　概述

一、城市轨道交通行业定义

根据国民经济行业分类（GB/T4754—2002）的规定，轨道交通属于城市公共交通业，行业代码为F5320。轨道交通包括地铁交通、轻轨交通、有轨电车交通、各种索道/缆车的经营管理活动。

在中国国家标准《城市公共交通常用名词术语》中，将城市轨道交通定义为"通常以电能为动力，采取轮轨运转方式的快速大运量公共交通之总称"。国际轨道交通有地铁、轻轨、市郊铁路、有轨电车及磁浮列车等多种类型，号称"城市交通的主动脉"。轨道交通是一种独立的有轨交通系统，它提供了资源集约利用、环保舒适、安全快捷的大容量运输服务方式，能够按照设计的能力正常运行，与其他交通工具互不干扰，具有强大的运输能力、较高的服务水平、显著的资源环境效益。因此，轨道交通的应用首先是表现在经济发达的城市中，并且在城市应用中有140多年的历史，于是人们也习惯性地把轨道交通称为城市轨道交通。其实，根据轨道交通的特性，从广义上讲，车辆运行在导轨上的交通都应称为轨道交通。但是，在轨道交通发展的历史进程中，人们又把铁路运输称为大铁路，与轨道交通区别开来。因此，轨道交通不包括大铁路。

二、城市轨道交通行业分类

轨道交通是因为城市经济的发展和道路的拥挤而产生的。在轨道交通的发展过程中，其基本上是作为城市公共交通系统的一个重要组成部分而发展的，因此，人们把它称为城市轨道交通。在中国，随着区域经济和城市群的发展，人们又把连接这些地区的城际铁路也惯称为轨道交通。

轨道交通有多种类型，如地铁、轻轨、有轨电车、跨座式独轨、磁浮列车、城际列车等。每一种类型都有其应用范围，像地铁比较适合在大城市的中心区客流密集度极高的路段建设；轻轨适合在中等客流密集度的路段建设；跨座式独轨适合在地形复杂（丘陵）的区域建设；城际列车主要应用于城市与城市之间或城镇之间；磁浮列车主要应用于对旅行速度要求较高的区域之间。

1. 地铁

地铁（Metro 或 Underground Railway 或 Subway）是地下铁道的简称，是城市快速轨道交通的先驱。地下铁道是由电气牵引、轮轨导向、车辆编组运行在全封闭的地下隧道内，或根据城市的具体条件，运行在地面或高架线路上的大容量快速轨道交通系统。地铁的造价，每公里投资在 3 亿 ~6 亿元，建设成本一般较高。

地铁不仅具有运量大、速度快、安全、准时、节省能源、不污染环境等优点，而且可以在建筑群密集而不便于发展地面和高架轨道交通的地区大力发展。从发展上看，地铁已是一个历史名词，如今其内涵与外延均已有相当大的扩展，并不局限于运行在地下隧道中这一种形式，而是泛指高峰小时单向运输能力在 3 万 ~6 万人，地下、地面、高架运行线路三者结合的一种大容量轨道交通系统。也有人称其为"大容量轨道交通系统"（Mass Rail Transit）或"快速交通系统"（Rapid Transit System）。这种轨道交通系统的建设规律是在市中心为地下隧道线，市区以外为地面线或架空线。如首尔在 1978—1984 年建造的地铁 2 号、3 号、4 号线总长 105.8 公里，其中地下线路 83.5 公里，高架部分长 22.3 公里，占全长的 21%。随着地铁技术的不断发展，地铁车辆主要向"动车组"方向发展。地铁车辆不同于干线铁路车辆的主要特征，在于地铁车辆具有较好的加速、减速性能，起动快、停车制动距离短，平均运行速度高；具有较大的载客容量，车门数多，便于乘客上下车，以缩短停站时间；车型小，适合隧道内运行；车辆采用不易燃材料制成，不容易发生火灾；自动化程度较高。

地铁路网的基本形式有单线式、单环线式、多线式、蛛网式。每一条地铁线路都是由区间隧道（地面上为地面线路或高架线路）、车站及附属建筑物组成。根据地铁主要在地下运行、运量大、造价高的特点，比较适合在大城市的中心区客流密集度极高的路段建设。

2. 轻轨

轻轨是反映在轨道上的荷载相对于铁路和地铁的荷载较轻的一种交通系统。公共交通国际联会（UITP）关于轻轨运输系统（Light Rail Transit）的解释文件中提道：轻轨铁路是一种使用电力牵引，介于标准有轨电车和快运交通系统（包括地铁和城市铁路），用于城市旅客运输的轨道交通系统。轻轨交通的原来定义是指采用轻型轨道的城市交通系统。当初使用的是轻型钢轨，而如今的轻轨已采用与地铁相同质量的钢轨。所以，目前国内外都以客运量或车辆轴重（每根轮轴传给轨道的压力）的大小来区分地铁和轻轨。轻轨现在指的是，运量或车辆轴重稍小于地铁的轻型快速轨道交通。在我国《城市轨道交通工程项目建设标准》中，把每小时单向客流量为 0.6 万 -3 万人次的轨道交通定义为中运量轨道交通，即轻轨。

轻轨的造价，每公里投资在 0.6 亿~1.8 亿元，且施工简便，建设工期较短。加之轻轨的单向高峰小时客运量为 1 万~3 万人次，足以解决客流密度不高的城市交通问题；轻轨交通建设标准也低于地铁，因而其国产化进程容易推进。轻轨是适合我国大、中城市、特别是中等城市的轨道交通方式。

经过 100 多年的发展，轻轨已形成三种主要类型：钢轮钢轨系统；线性电机牵引系统；橡胶轮系统。

钢轮钢轨系统即新型有轨电车，是应用地铁先进技术对老式有轨电车进行改造的成果。线性电机车系统（Linear Motor Car）是由线性电机牵引、轮轨导向、车辆编组运行在小断面隧道、地面和高架专用线路上的中运量轨道交通系统。20 世纪 80 年代，加拿大成功地开发了线性电机驱动的新型轨道交通车辆。它采用线性电机牵引、径向转向架和自动控制等高新技术，综合造价节约近 20%。它与轮轨系统兼容，便于维护救援，具有较大的爬坡能力。线性电机技术在加拿大、日本、美国都取得了较大的成功，由此研制的线性电机列车也投入了使用。线性电机列车在我国的广州和北京也有应用。由于线性电机列车具有车身矮、重量轻、噪声低、通过小半径曲线和爬坡能力强等优点，可以轻便地钻入地下，爬上高架，是地下与高架接轨的理想车型。以线性电机做动力，其意义还在于它引起了轨道车辆牵引动力的变革。橡胶轮轻轨系统采用全高架运行，不占用地面道路，具有振动小、噪声低、爬坡能力强、转弯半径小、投资较省等优点，当前的独轨、新交通系统和 VAL 系统均属于橡胶轮轨系统。

独轨交通系统也称单轨系统（Monorail）。是指通过单一轨道梁支撑车厢并提供导引作用而运行的轨道交通系统，其最大特点是车体比承载轨道要宽。独轨交通系统是一种把单轨铺设在高架桥上的新型铁路。按支撑方式的不同，单轨一般包括跨座式单轨和悬挂式单轨两种类型。跨座式是车辆跨座在轨道梁上行驶，悬挂式是车辆悬挂在轨道梁下方行驶。单轨车的走行轮采用特制的橡胶车轮，以减少振动的噪声。单轨车的两侧还装有导向轮和稳定轮，控制列车转弯，保证列车运行稳定可靠。这种交通工具有占地少、造价低、噪声小等优点。高架独轨因轨道梁仅为 85cm 宽，不需要很大空间，可以适应复杂地形的要求，适宜在狭窄街道的上空穿行，可减少拆迁，降低造价。高架独轨结构简单，易于建造，建设工期短，它的工程建筑费用只有地下铁道建筑费用的三分之一。

国外独轨列车一般由 4~6 辆组成，列车运输能力每小时 5000~20000 人次，因此十分适合山区城市与郊区之间的交通使用。目前，我国重庆市轨道交通采用的就是独轨交通系统。此外，德国的乌伯塔在 1901 年建成了世界上第一条悬挂式独轨线路。1963 年日立独轨式列车在日本读卖大陆开始运营。1975 年跨座式独轨交通系统在日本开始建设。截至目前日本已建成多条独轨交通系统，是使用独轨交通系统最多的国家。

3. 磁浮列车

磁浮列车是根据电磁学原理，利用电磁铁产生的电磁力将列车浮起，并推动列车前进的高速交通工具。由于它运行时悬浮于轨道之上，因而没有轮轨的摩擦，突破了轮轨粘着极限速度的限制，成为人们理想的现代化高速交通工具。磁浮列车分为常导型、超导型与永磁悬浮三大类。常导型也称常导磁吸型，以德国高速常导磁浮列车 transrapid 为代表，它是利用普通直流电磁铁电磁吸力的原理将列车悬起，悬浮的气隙较小，一般为 10 毫米左右。常导型高速磁悬浮列车的速度可达每小时 400~500 公里，适于城市间的中长距离快速运输。而超导型磁悬浮列车也称超导磁斥型，以日本 MAGLEV 为代表。它是利用超导磁体产生的强磁场，列车运行时与布置在地面上的线圈相互作用，产生电动斥力将列车悬起，悬浮气隙较大，一般为 100 毫米左右，速度可达每小时 500 公里以上。这两种磁悬浮列车各有优缺点和不同的经济技术指标，德国集中精力研制常导高速磁悬浮技术；而日本则全力投入高速超导磁悬浮技术之中。永磁悬浮以中国大连为代表。

4. 城际轨道交通

城际轨道交通（Urban Railway）是由电气或者或内燃牵引、轮轨导向、车辆编组运行在城市内部和城市群之间，线路技术、设施与干线铁路基本相同，以提高市民旅行速度为目的公交型轨道交通。城市的发展离不开区域的支撑，区域城市一体化的进程，能更好地促进中心城市与城市次中心、周边主要城镇之间的协调发展。城际轨道交通就是主要服务于城市之间的快、高速交通方式，以加强城镇一体化的进程，促进区域经济的发展。城际轨道交通的特性是大能力、高密度、公交化。它主要服务于城际间的旅客出行需求将快速增长，为公务出行、假日旅游、休闲旅游、探亲访友等客流提供快速的旅行。

城际轨道交通的作用是促进本地区社会经济全面快速的发展，加快区域融合，促进区域经济一体化，促进现代工业、旅游事业快速发展。城际列车的旅行速度一般在 160~300km/h 之间。我国已研发适用于城际轨道交通列车有电动车组、内燃车等。如："中华之星"高速动车组，时速达 270 公里，定员 772 人；"先锋号"快速动车组，时速 200km 以上，定员 424 人；"中原之星"动车组，时速 160km/h，总座席数 548 个，可以满足最高运行速度 160km/h 站站停列车的运输要求。按交通工具考虑，不同形式的交通系统，其运输能力、性能指标有较大的区别。

5. 有轨电车

有轨电车（Tram 或 Streetcar）是使用电力牵引、轮轨导向、1 辆或 2 辆编组运行在城市路面线路上的低运量轨道交通系统。有轨电车起源于公共马车，为了多载客，人们把马车放在铁轨上，这样做是为了减少旅客人均牵引力。随着电动机的发展和牵引电力网的出现，电动机取代了马匹。在 20 世纪 20 年代，美国的有轨电车线总长达

2.5 万 km。至 30 年代，欧洲、日本、印度和我国的有轨电车有了很大发展。1908 年，我国第一条有轨电车交通线在上海建成通车，在随后的年代里，我国的北京、天津、武汉、沈阳、哈尔滨、长春、鞍山等城市相继修建了有轨电车，在当时我国城市的公共交通中发挥了骨干作用。但旧式有轨电车行驶在城市道路中间，与其他车辆混合运行，又受到路口红绿灯的控制，运行速度很慢，正点率低而且噪声大，加减速度性能较差，但仍不失为居民出行的便捷交通工具。有轨电车单向运输能力一般在 1 万人次 /h 以下，这很难满足急剧增长的城市客流。另外，随着汽车工业的迅速发展，大量的汽车涌上街头，城市道路明显地出现拥挤，于是世界上各大城市都纷纷拆除有轨电车线路，改修运量大的地铁或轻轨交通。我国在 20 世纪 50 年代末，有关的有轨电车拆除得所剩无几，仅剩下长春、大连和鞍山 3 座城市的有轨电车没有拆除，并一直保留至今，继续分担着正常的公共客运任务。由于上述有轨电车的种种问题，现在有轨电车停止了发展，基本上完成了它的历史使命。目前，有的城市为了适应运输量的需要，在它原来的基础上将其改为类似轻轨的大公交车辆。

三、轨道交通发展历史

（一）城市交通发展概况

1. 早期的城市交通

历史上最早的城市公共交通可以追溯到罗马时代，那时建立了一个地区性的车辆出租系统。

2. 现代意义上的城市大容量公共交通

1819 年巴黎出现了第一条公交运行线路。美国的第一条公交线路是 1827 年纽约城产生的可载 12 人的改良马车。

由于城市人口的集聚，单纯依靠道路交通实际上将很难解决城市交通问题。因为道路交通方式本身所固有的交叉、冲突环节在拥挤、土地有限的市区难以得到很好的解决。

（二）轨道交通发展历史

1. 铁路

蒸气铁路是 19 世纪发明的。第一条城市间铁路服务开始于 1830 年英国的利物浦至曼彻斯特。它使得铁路主导着城市间运输达一个世纪。从那以后人们每天乘火车上班。由于需求良好，铁路开始经营通勤运输。伦敦 1838 年开放了第一条严格的市郊运输线路，大量市郊线网的建设则是在 1840—1875 年之间，有些现在仍在使用。

美国最早的通勤列车是 1843 年在伍斯特至波士顿开通的。纽约、费城、芝加哥等地均建设了较大规模的市郊运输线网。

2. 地铁的产生

地铁的产生源于将蒸汽列车引入市中心的构想。世界上最早的地铁是 1863 年 1 月 10 日在伦敦开通的 6km 长的一段线路。列车由蒸汽机车驱动，火需要专门的力量来扇动，通风也成问题。不过它运营几年后就电气化了。

更好的想法是将蒸汽列车放在高架的街道上行驶。地下铁路主要是 20 世纪的发展产物，尽管伦敦地铁始于 1863 年，第一条深挖电气化隧道则是在 1890 年。

3. 轨道交通系统的产生

美国第一条地下铁路是在 1870 年在纽约城建设开放的线路。

世界上第一条由（第三轨）电力驱动的地铁是伦敦 1890 年开通的。

世界上第一条电力高架线是芝加哥的都市西部高架线，1895 年 5 月 6 日运营，它用一台带有电机的机车，可牵引 1～2 台无动力的拖车。

4. 电动车组的出现

1897 年，芝加哥南部高架铁路决定电化，并设计发明了多单元动车系统，它可使每辆车均有电机，但全部由第一辆车的驾驶员操纵。

多单元列车的重要性体现在可以在不减少列车牵引力的条件下增加列车编成，因为每辆车均有动力。牵引力是重量与驱动轮数量的函数，在多单元系统，几乎整个列车（而不是机车）的重量都施加于驱动轮对，故对每辆车来说，它有更大的加速度，从而可以增加列车平均速度，减少运营费用。目前世界上所有地铁列车的驱动均采用这种系统。

5. 轨道交通发展的低潮

20 世纪 20 年代以来，城市发展过程中的交通被机动巴士所取代。紧接着，有轨电车的发展促进了居民区的发展。影响更大的是，私人轿车的大量拥有鼓励了郊区化和城市在更大范围内的分散化、多中心化。除了少数郊区线路外，机动车在拥挤不堪的市中心同电车、公交车开展了竞争。

电车被认为是过时的方式，而英国的则从 20 世纪 30 年代后期以来几乎在所有城镇用公交车取代电车，并于 1946 年得到了政府的支持。典型的事例是曼彻斯特 1946 年、伦敦 1952 年完成了取代。谢菲尔德保持到 1960 年，格拉斯哥则维持到 1962 年。

相比而言，德国则中庸一些，它将电车改造成 Stadtbahn（轻轨）系统，在拥挤的市中心地区将它们放到地下以避免与道路交通的冲突。科隆及汉诺威就是很好的例子。

6. 城市轨道交通的重新兴起

公交车对电车的取代没有缓解路面交通的堵塞程度，而机动车的持续增长、道路状况的恶化、污染的严重、能源危机等因素，使得轨道交通成为发展的重要方向。时至今日，城市轨道交通在世界已得到快速发展。

四、城市轨道交通经济特征

（一）正外部效应

所谓外部效应是"某个经济主体生产和消费物品及服务的行为不以市场为媒介而对其他的经济主体产生的附加效应的现象"。从外部效应的经济效率来看，又可分为正外部效应和负外部效应。轨道交通一个重要的技术经济特征是它的正外部效应。地铁建设能诱发沿线土地升值，促进沿线房地产、商业等行业加速发展，从这方面分析，地铁能增加城市的社会经济福利，带来巨大的正外部效应。但无论是正效应还是负效应，只要有外部效应存在，都会使市场机制的作用出现扭曲，从而不能对资源进行有效的配置，要求政府进行干预。城市轨道交通建设能诱发沿线土地升值，促进沿线房地产、商业等行业的加速发展。从这一意义上讲，城市轨道交通能增加城市的社会经济福利，带来巨大的正效应。研究表明，轨道交通项目每投资 1 亿元，就可以拉动 GDP 增长 2.6 亿元，与之直接关联的装备制造、工程基建、钢铁、水泥、电子等产业链的重要环节都将获得丰厚的订单，将增加 8000 个以上的就业岗位。

（二）规模经济

城市轨道交通发挥作用以网络规模为前提，覆盖面越大，城市轨道交通效率越高。由于城市轨道交通项目正外部性的存在，其社会效益大于经济效益，项目盈利差。城市轨道交通项目带来的总收益不可能全部量化为项目投资者的账面收益，如城市轨道交通到达地区房地产升值的部分、城市轨道交通的畅通给人民群众带来的时间成本的节约、城市轨道交通的建成对城市交通及环保的贡献等。城市轨道交通项目的经营具有时空局限性，盈利空间有限。但是，城市轨道交通权益具有放大性，资产的保值增值能力强。随着社会的发展、人口流动的增大、路网的增加，以及服务水平的提高，城市轨道交通将吸引更多的客流，票款收入从长期看具有一定的增长趋势。而且城市轨道交通的洞体使用年限长达百年，随着时间的推移，城市轨道交通资产的升值潜力巨大。因此从长期看，城市轨道交通资产的权益可以不断放大，资产具有很强的保值增值能力。

（三）准公共产品

从经济学角度看，地铁项目兼具公共产品和私人产品的特性，即地铁运输服务具有消费的非竞争性和有一定排他性的基本特征，属于准公共产品。理论上纯公共产品由政府提供，纯私人产品应由民间部门通过市场提供。准公共产品既可以由政府直接提供，也可以在政府给予补助的条件下，由私人部门通过市场提供，即政府和民间合伙的方式。公共产品和私人产品是经济学的两个重要概念。公共产品的主要特征如下：

一是效用上的不可分性；二是供给上的非排他性；三是消费上的"非竞争性"。而私人产品在以上几个方面与公共产品正相反，其主要特征如下：一是生产商容易向消费者收费，如果消费者不付费，则无法取得该产品；二是生产产品的边际成本为正且高于平均成本。准公共产品则介于公共产品与私人产品之间，并更倾向于公共产品，其主要特征如下：一是在某些情形下很难向消费者收费，但在另外一些情形下可以对部分消费者收费；二是生产产品的边际成本低于平均成本，但大于零。

（1）轨道交通运输在消费上具有一定程度的非竞争性；当乘客较少时，在供给上具有一定的非排他性，具有较强的公益性。

（2）轨道交通运输是可分割的。每个消费者可以通过谁买票谁乘车的方式对城市轨道交通运输产品进行消费，因此这种效用的可分性可以对地铁提供的部分服务（客运）直接收费，具有私人产品的一些属性。

（3）城市轨道交通对所有人提供相同数量和相同质量的服务，但当乘客越来越多的时候，会产生拥挤问题，乘客所得的消费利益将会下降，而且不能通过随意提高票价的方式来排除大部分人对城市轨道交通运输产品的消费，因此城市轨道交通具有一定的公益性。因此，城市轨道交通是介于公共产品与私人产品之间的准公共产品。

五、城市轨道交通的技术经济特征

城市轨道交通系统的概念：服务于城市客运交通，通常以电力为动力，在固定导轨上轮轨运行方式为特征的车辆或列车与轨道等各种相关设施的总和。

城市轨道交通系统可以根据多方面的特点来分类，如运输能力、外形特点、采用的技术等。主要分为有轨电车（Trolley Bus）、轻轨铁路（Light Rail Transit）、地铁（Underground Railway，Subway，Metro）、市郊铁路（Suburbs Rail）。

1. 有轨电车

利用街道上的轨道运行的电力车辆或列车系统。

优点：造价低，建设容易。

缺点：所受干扰多，速度慢，通行能力低，平交道口多，极易与地面道路车辆冲突，引起道路交通堵塞。

发展现状：已经比较少见，多数被改良为轻轨系统。

2. 轻轨铁路（Light Rail Transit）

轻轨的概念：轻轨交通车辆轴重较轻，施加在轨道上的荷载相对于市郊铁路或地铁的荷载来说比较轻，故称轻轨，是一种介于有轨电车和地铁之间的中运量的轨道交通工具。

（1）轻轨的种类

轻轨系统主要有三种类型：

第一种是从有轨电车改造而成，如德国的斯图加特轻轨。

第二种是作为一个独立系统开发，大部分新建的系统，如英国的 Dockland 轻轨。

第三种是利用原有旧铁路线路修建比较经济的系统，如英国曼彻斯特的 Metrolink 轻轨。

（2）轻轨的优点

①比地铁安全：由于动力来自车顶部，而非地铁系统的第三轨。此外无须防护栏杆，因此它也可以在街道上行驶。

②在建设上比地铁更灵活：由于土地昂贵，尤其在闹市区，轻轨系统可以放在街道，旅客可以在人行道上下车。

（3）轻轨的主要参数

①最小运行时间间隔：2分钟；

②每节车厢的乘客人数：225人（按0.14m²/人计算，2节/组）；

③每列车编组车厢节数：2~4节（1~2组）；

④每小时单向最大运送能力：6750~13500人；

⑤时刻表速度：20~25km/h；

⑥最低经济运输量：2100人/km·天。

3.单轨系统

单轨系统又称独轨系统，可分为跨座式和悬挂式两种。一般使用道路上部空间，需要的专用空间较少，可以适应急弯及大坡度，其投资小于地铁系统。

（1）单轨系统特点

单轨电车一般均采用橡胶轮胎。

优点：占地小、投资费用少、噪声低、振动小、乘坐舒适、对城市的景观及日照等影响小、通过小半径曲线能力和爬坡能力强。

缺点：运能较小、速度低、能耗大、粉尘污染、道岔等结构复杂、发生事故时疏散和救援工作比较困难。

（2）主要技术特性指标

①最小运行时间间隔：2分钟；

②每节车厢乘客人数：140人（按0.14m²/人计算）；

③每列车编组车厢节数：2~6节；

④每小时单向最大运送能力：8400~25200人；

⑤时刻表速度：30km/h；

⑥最低经济运输量：4000人/km·天。

4. 自动导向系统（AGT）

自动导向系统（Automatic Guideway Transit，AGT）是一种通过非驱动的专用轨道引导列车运行的轨道交通方式。

主要技术特征：轨道采用混凝土道床、车辆采用橡胶轮胎，有一组导向轮引导车辆运行，列车运行自动控制，可实现无人驾驶，自动化程度较高。

①最小运行时间间隔：2 分钟；

②每节车厢乘客人数：70 人；

③每列车编组车厢节数：4～12 节；

④每小时单向最大运送能力：8400～25200 人；

⑤时刻表速度：30km/h。

5. 地铁

地铁：轴重相对较重，单方向输送能力在 3 万人次 /h 以上的城市轨道交通系统。有地下、地面和高架三种形式。

（1）地铁的特点

一般线路全封闭，在市中心区全部或大部分位于地下隧道内，因而可实现信号控制的自动化。

优点：容量大、速度快、安全、准时、舒适、运输成本低、节省能源、不污染环境、不占城市用地。

缺点：建设成本高、周期长、见效慢。

适用于出行距离较长、客运量需求大的城市中心区域。

（2）地铁分类

重型地铁：重型地铁即传统的普通地铁，轨道基本采用干线铁路技术标准，运量最大。

轻型地铁：轻型地铁是一种在轻轨线路、车辆等技术设备工艺基础上发展起来的地铁类型，运量较大。

微型地铁：微型地铁又称线性地铁、小断面地铁，隧道断面、车辆轮径和电动机尺寸均小于普通地铁，运量中等，行车自动化程度较高。

（3）主要技术特性指标

①最小运行时间间隔：2 分钟；

②每节车厢的乘客人数：280 人（按 0.14m²/ 人计算）；

③每列车编组车厢节数：6～10 节；

④每小时单向最大运送能力：50400～84400 人；

⑤时刻表速度：30～60km/h；

⑥最低经济运输量：12200 人 /km·天。

（4）线性地铁—小断面地铁

线性地铁即小断面地铁的特点是断面较一般地铁要小，可降低建设成本（投资为一般地铁的 60%～80%）。此外，它的车身矮、重量轻、噪声低，可以采用较小的曲线半径和较大的坡道，也可高架，维护较容易。线性地铁能力略低于一般地铁系统。

线性地铁的缺点是运营成本与一般地铁差不多。

6. 市郊铁路

市郊铁路是沟通城市边缘与远郊区的手段，它与城市间的长距离铁路相同。由于服务于人口密度相对稀疏的郊区，站间距比较大，它使得列车的运行速度可以提高许多。

7. 橡胶轮胎铁路

橡胶轮胎铁路：采用轮胎车辆的铁路系统。线路采用钢轨或混凝土路面，多节轮胎电车铰接在一起形成列车，电力驱动，能力小于钢轨铁路系统。

8. 磁悬浮铁路

磁悬浮列车是利用电磁系统产生的吸引或排斥力将车辆托起，使之悬浮于线路上，利用电磁力导向，使用直线电机将电能直接转换成推进力，推动列车前进。

磁悬浮铁路特点：

与传统的铁路相比，磁悬浮铁路去除了轮轨接触，因而无钢体直接摩擦阻力，可获得比一般高速铁路更高的速度，目前试验速度已达 500km/h 以上；无机械振动与噪声；无环境污染；可获得高舒适度和平稳性；由于没有钢轨、车轮、机械传动和接触导电轨等摩擦部件，维修费用大为降低。

磁悬浮列车的发展：从 1981 年英国伯明翰机场到火车站的第一条磁悬浮线开通，1986 年西柏林 M-Bahn 磁悬浮试验线投入运营，日本的 HSST 系列磁悬浮列车的开发，以德、美、日等所研制的试验样车为先导，实用的磁悬浮列车即将进入国际市场。

六、城市轨道交通经营特征

1. 局限性

轨道交通每天的营运时间是有限的，不可能像其他行业那样，通过延长工作时间可以生产出更多的产品，以增加收入。而且地铁只能在已经建好的有限的轨道上运行，"产品"不可能输往外地，也不可能脱离轨道运行，票款收入限制在固定的线路上，运输的能力有限。

2. 放大性

轨道交通票款收入的增长主要受沿线居住条件、土地开发强度、路网变化、商业经济成熟程度等外部因素影响。随着社会的发展、市民出行活动的增加，路网规模的扩大以及服务水平的提高，轨道交通将吸引更多的客流。从整体发展趋势看，票款收入具有一定的增长空间。地铁线路一般建设在城市人口密集、商业繁华的核心地段，地铁的洞体使用年限长达百年，随着时间的推移，地铁资产的升值潜力巨大。因此，地铁资产的权益随着时间不断放大，具有很强的保值增值能力。

3. 获利性

轨道交通项目虽然投资大、回收期长、前期收支暂时不平衡，但项目具有长期稳定、持续增长的票款收入，而且附着于轨道交通的商业机会也很多，在保证安全运营的前提下，可以通过连锁商业、广告、沿线物业、地下移动通信及视频业务、智能卡服务及地下空间开发等多种途径增加地铁项目的衍生收益。巨大的现金流使项目的盈利成为可能。

4. 规模化性

轨道交通网络汇集了稳定、巨大的客流量，使地铁沿线的商业开发具有放大性、网络性，可以实现规模化、集约化经营。利用地铁站点采取连锁店、品牌店等现代营销方式，有利于地下商业网络随着轨道交通网络的成熟完善而发展壮大，进而实现地下商业网络向地上商业空间的覆盖与延伸。

七、轨道交通系统规划与设计的主要内容

1. 重要性

城市轨道交通规划与设计是一项涉及城市规划、交通工程、建筑工程及社会经济等多种学科理论的系统工程。轨道交通项目工期长、投资大，在城市规划中，轨道交通网络的规划与设计非常重要，直接影响着城市的基本布局和功能定位，对城市发展有极强的引导作用，对促进城市结构调整、城市布局整合，对整个城市土地开发、交通结构以及城市和交通运输系统的可持续发展都有巨大影响。

我国作为发展中国家，各大城市正处于快速发展期，不同于西方发达国家处于发展成熟期的城市，做好城市轨道交通系统规划与设计工作更具有独特的意义，是保障空间预留避免今后高昂的工程建设成本的基本前提。

2. 主要内容

（1）特定城市社会与经济环境下轨道交通系统的功能定位，主要包括城市经济地理特征分析、城市规划总体目标与城市交通结构的协调性分析、轨道交通的功能评估等。

（2）轨道交通线网规划，主要包括线网规模确定、线网构架方案选择和方案评估等，线网规划是城市轨道交通线路设计和建设的基础。

（3）轨道交通系统客流预测，在城市规划与综合交通规划基础上进行客流预测，它是确定轨道交通网络及线路建设规模、能力水平的依据。

（4）轨道交通工程可实施规划。主要包括车站、车辆段、换乘点的选址与规模、线路敷设方式规划，线网建设顺序与运营以及轨道交通与地面交通的衔接设计等内容。

（5）轨道交通系统的线路和车站设计，包括线路的走向、线路平纵断面设计、车站的数量和分布、车站的站型设计以及换乘站的设计等。

（6）轨道交通的枢纽设计与规划。主要包括城市地区枢纽点规划、枢纽客流分析、枢纽换乘设计、枢纽用地分析、枢纽不同方式间的协调等。

（7）轨道交通系统与其他交通方式的衔接设计，主要研究轨道交通系统与其他方式的衔接，包括地面交通、城市间交通等，具体包括车站周边其他交通方式站点布局及设计。

（8）轨道交通系统的安全防护设计。安全防护的内容包括地震防护、火灾防护、水灾防护及杂散电流防护等设施的设计，需要考虑轨道交通运营中的安全对策与应急措施。

（9）运营规划。从规划与设计阶段开始考虑运营问题是一条轨道交通线路建设成功与否的重要前提条件，直接关系到轨道交通系统建设目标的实现。这些内容也可以作为工程可实施规划的内容。

八、行业在国民经济中的地位

国际大都市建设发展轨道交通经验表明，轨道交通作为现代化的客运交通方式，对带动城市经济综合发展、调整城市空间结构、引导城市土地合理运用，起着重要而积极的作用。世界各国拥有地铁和轻轨系统的城市已有 300 多个，这些城市都是政治、文化、经济中心，有良好的客运市场需求和坚实的经济基础，轨道交通已经成为大城市经济发展和聚集辐射能力的重要力量。

轨道交通最显著的作用就是促进了城市与城镇的发展。城市的发展演变经历了自由村落市场—城市—城市圈—城市带的过程。在这个发展过程中，交通起了很重要的作用。当交通满足城市要求、适应城市发展需要时，这个发展过程就会得到加速，否则就会就会衰落。从这个意义上讲，城市轨道交通的功能不再仅仅是为了满足人们出行的需要，而是一种资源，其与土地资源、人力资源、文化资源、环境资源等一起成为现代化城市建设的主要资源。轨道交通是现代化城市框架的支撑，轨道交通在城市发展中不仅是追随者，而且是引导者，在某种程度上引导着城市的发展方向。它不仅可以优化城市的结构，还可以调整城市的布局和功能；不仅有利于城市文化中心、经济中心、政治中心、工业中心、生活中心的科学建设与形成，还有利于周边中小城市的发展。使城市发展由摊饼式发展向组团式和带式方向发展，有利于建设和谐的生态城。

轨道交通可以极大地发散中心城市、区域性城市的辐射带动作用，带动一省甚至某一区域的经济社会发展。是城市—城市圈—城市带的组合纽带。轨道交通系统的水平直接体现了一个城市和区域的现代化水平，是现代化城市和区域的主要标志之一。轨道交通建设投资带动的产业链影响较大，如带动原材料、建筑、机电、电子信息、金融和相关服务等产业的发展。根据测算，轨道交通建设投资对 GDP 的直接贡献为1：2.63，加上带动沿线周边物业发展和商贸流通业的繁荣等间接贡献则更高。因此，通过投资建设轨道交通，将促使居民出行和消费增长，直接带动 GDP 增长。轨道交通促进相关产业链发展，可为财政收入开创新的增长点，又可为自身的发展提供更多的资金保障。如果政府主管部门调控得当，轨道交通建设经营可望进入良性循环。轨道交通的辐射功能可促进社会经济协调发展。为了实现"和谐社会与小康"目标，我国社会经济已进入一个高速发展时期。发展轨道交通能够促进城市化和都市化进程，从而扩大内需，增加就业，满足社会有效需求。轨道交通的投入资产属于第三产业，因此，轨道交通的存量资产越多，能够为第三产业带来的商机和就业机会就越多，城市化水平就越高。

轨道交通可加速城市区域一体化进程。城市的发展离不开区域的支撑，区域城市一体化的进程，能更好地促进中心城市的发展。从区域层面考虑，尤其是相对密集的城市群或城市连绵区，轨道交通线路可将它们连接起来，缩短时空，相互协调发展。通过城际轨道将城市周边主要城镇与城市次中心联系起来，以利于城镇体系的合理发展。市区层面的地铁与轻轨主要是依据客流要求进行抉择，客运量大的城市可以选择地铁或与轻轨相互形成轨道网络，客运量相对较小的城市可以选择投资较少的轻轨交通。发展轨道交通对城市规划具有导向作用。现代城市规划发展了带形城市理论，出现了沿主要交通轴线的带状发展理论。现代带状城市理论的具体应用是经济带，如拉动了全国经济的日本东京—大阪经济带、韩国首尔—釜山经济带等。在经济带上的各城市间，除了有高速铁路联络之外，还建有公交型城市轨道交通网，使各城市间大大缩短了时空距离，这样有利于突破行政区划的羁绊，实现资源配置的最优化；调整产业结构，使各城市间优势互补，实现整体经济利益的最大化。

在交通供需矛盾十分尖锐的情况下，城市交通存在的新问题日益增多，城市交通拥挤的现象，从特大城市逐步向大城市和中小城市蔓延。在实践中，城市交通规划的观念发生了重大的变化。人们意识到，要缓解城市交通拥挤，仅仅靠修道路已无法满足日益增长的交通需求，必须调整不合理的交通结构和道路设施结构，优先发展轨道交通。特别是随着城市汽车化的起步，交通污染和能源消耗问题日益突出，可持续发展作为一个轨道交通引导城市发展。城市有序的外延拓展，需要依托某种交通方式来实现。在快速化城市发展过程中，城市空间布局模式从圈层式外延发展，走向轴向发展、紧凑式布局的城市格局，已成为城市可持续发展的空间表征。一方面，城市的轴向发展与紧凑布局可以为城市发展提供更大的发展空间，有利于减少城市交通堵塞、改善城市生态环境，实现城市发展的可持续性；另一方面，轨道交通为城市轴向发展和紧凑型布局提供了良好的交通导向。从区域层面看，多个轴向发展的城市通过轨道交通的相互连通，也有利于实现真正意义上的网络城市。

发展轨道交通的最终目的，是合理引导城市的空间布局。通过城市交通的合理布局，引导不同的交通资源实现空间的合理配置，以达到城市可持续发展的目的。世界上很多大城市的地下都已构筑起一个上下数层、四通八达的地铁网，有的还在地下设立商业设施和娱乐场所，与地铁一起形成了一个地下城。地铁车站建筑构思新颖，气势磅礴，富有艺术特色。乘客进入地铁车站，犹如置身于富丽堂皇的地下宫殿。地铁车站以其迷人的魅力吸引着各国旅行者，并成为该地的重要旅游景点。还有很多国家的地铁与地面铁路、高架道路等联合构成高速道路网，以解决城市紧张的交通运输问题。地铁现代化的发展，已成为城市交通现代化的重要标志之一。

第二节　城市轨道交通系统的构成

轨道交通系统的构成主要包括车辆、车辆段、限界、轨道、车站建筑、结构工程、供电、通信、信号、环控、给排水系统等设施。

一、车辆及其主要技术参数

（一）城市轨道车辆特点

城市轨道车辆应具有先进性、可靠性和实用性，满足容量大、安全、快速、舒适、美观和节能的要求。

地铁车辆有动车和拖车、带司机室车和不带司机室车。

A 型——带司机室拖车。

B 型——无司机室带受电弓的动车。

C 型——无司机室不带受电弓的动车。

我国推荐的轻轨电动车辆有 3 种形式：4 轴动车、6 轴单铰接式和 8 轴双铰接式车。

（二）车辆基本构造

城市轨道交通车辆由车体、转向架、牵引缓冲装置、制动装置、受流装置、车辆内部设备、车辆电气系统 7 大部分组成。

1. 车体

特点:

（1）一般为电动车组,有单节、双节和 3 节式等,有头车(带司机室车辆)和中间车,以及动车与拖车之分;

（2）座位少,车门多且开度大,内部服务于乘客的设备较简单;

（3）重量的限制较严格,特别是高架轻轨车和独轨车,要求轴重小,以降低线路的工程投资;

（4）为使车体轻量化,车体承载结构和其他辅助设施尽量采用轻型化材料;

（5）对车体的防火要求严格,在车体的结构及选材上采用防火设计和阻燃处理;

（6）对车辆的隔音和减噪有严格要求;

（7）由于用于市内交通,对车辆的外观造型和色彩都有美化和与城市景观相协调的要求。

车门结构:

城市轨道交通车辆的车门一般采用压缩空气为动力的风动门,也有采用电气驱动的车门。由于车辆运载客流量大,乘客上下车频繁,一般车体每侧车门开度较大,数量也较多,例如,上海地铁车每侧设有 5 扇内藏嵌入式对开拉门 1900mm×1300mm(高×宽)。

在带司机室车(A 型)的前端中央还设有应急安全疏散门,在紧急情况下,做成可伸缩的套节式踏级板可向前放下到路基上,列车内的乘客可通过此踏级板疏散到路基上。

2. 转向架

分动力转向架和非动力转向架:动力转向架装设有牵引电机、减速箱及集电器(受电靴)装置等。

3. 牵引缓冲装置

车辆的连接是通过车钩实现的,车钩后部一般需要装设缓冲装置,以缓和列车运动中的冲击力。

4. 制动装置

制动装置是保证列车运行安全的装置。无论动车或拖车均需设摩擦制动装置。针对城市轨道交通的特点,制动装置应具备一定条件。

制动方法:

（1）摩擦制动:包括闸瓦制动和盘式制动。

（2）电气制动:包括电阻制动和再生制动。

（3）电磁制动:包括磁轨制动和涡流制动。

磁轨制动是将电磁铁落在钢轨上,并接通激磁电流将电磁铁吸附在钢轨上,通过磨耗板与轨面摩擦产生制动力。

涡流制动是将电磁铁落至距轨面 7～10mm 处，电磁铁与钢轨间的相对运动引起电涡流作用形成制动力。

电磁制动的最大优点是所产生的制动力不受轮轨间地沾着条件限制。

城市轨道交通车辆一般均采用再生制动与电阻制动相结合的电制动优先、空电联合制动方式，保证在制动系统允许的条件下得到尽可能大的制动减速度。

5. 受流装置

从接触导线（接触网）或导电轨（第三轨）将电流引入动车的装置，也称为受流器。一般有以下几种：

杆形受流器（多用于城市无轨电车）。

弓形受流器（多用于城市有轨电车）。

侧面受流器（多用于矿山货车）。

轨道式受流器（第三轨受流）。

受电弓受流器（适用于高速干线）。

6. 车辆内部设备

服务于乘客的车体内部固定附属装置（如车灯、广播、空调、座椅等）。

服务于车辆运行的设备装置（如蓄电池箱、继电器箱、主控制箱、风缸、电源变压器等）。

7. 车辆电气设备

各种电气设备及其控制电路。包括主电路系统、辅助电路系统、电子控制电路系统。

城市轨道交通车辆的电气部分主要是按功能和系统以屏、柜及箱体的形式安装在车厢内及悬挂固定在车体底部车架上。为了使车厢用于载客部分的空间尽量多，电气箱柜绝大部分安装在车体底下的空间。

（二）车辆段及其任务

轨道交通系统的车辆管理单位基本上有两种：一是车辆段；二是停车场。

车辆段是电动车辆停放、运用、检查、管理、整备和检修保养的场所及管理单位。

目前国内各城市的地铁采用的修程基本上分为四种：厂修、架修、定修、月修。

1. 车辆段业务范围：

（1）列车运用，编组，调车，停放，日常检查，故障处理，清扫等；

（2）车辆技术检查，月修，定修，架修，临修等；

（3）列车折返及乘务组换班；

（4）其他维修工作。

一般一条线设一个车辆段，线路长度超过 20km 的线路可以设一个车辆段、一个停车场。停车场可进行月修。一般运营线路里程达到50km时应考虑设车辆修理工厂（50km线路平均每天有3~4辆车厂修）。

车辆段主要承担的任务有列车的运用及定期检修作业。车辆的厂修和车辆段内设备的大修一般可由车辆设备修理工厂或委托其他工厂担当，也可选择一个车辆段增加车辆厂修任务。

2．车辆段的线路布置

车辆段线路布置的一般原则如下：

（1）收发车顺畅。

（2）停车检修分区合理。

（3）用地布置紧凑。

车辆段一般可布置成贯通式或尽头式，贯通式车辆段可以两端分别收发车，能力较强，停车列检库一股道可以停3列车；远期2列车；尽端式车辆段停车列检库一股道可以停2列车，远期1列车。

3．轻轨车辆检修周期表（表4-1）

表4-1　轻轨车辆检修周期表

修程	检修周期	修车时间	施修地点
厂修	54~60 万 km	40d	车辆段或工厂
架修	18~20 万 km	20d	车辆段
定修	6~7 万 km	10d	车辆段
月修	1~1.2 万 km	2d	车场
列检	200~400km（每天）	2h	车场或列检所

（三）限界

限界（Load Gauge）是指列车沿固定的轨道运行时所需要的空间尺寸。限界越大，安全度越高，但工程量及工程投资也随之增加。

1.限界的种类

根据轨道交通系统的构成和设备运营要求，限界可以分为车辆限界、设备限界、建筑限界、接触轨和接触网限界。

限界的确定需要根据车辆外轮廓尺寸及技术参数、轨道特性、各种误差及变形，并考虑列车在运动中的状态等因素，经过科学的分析计算后确定。

（1）车辆限界

坐标系。

车辆轮廓限界。

车辆限界图。

车辆限界的各点坐标。

（2）设备限界

设备限界是为保证轨道交通系统的列车等移动设备在运营过程中的安全所需要的限界。设备限界要在车辆限界的基础上，考虑轨道出现状态不良而引起的车辆偏移和倾斜；此外，还要考虑适当的安全预留量。

（3）建筑限界

建筑限界是指在行车隧道和高架桥等结构物的最小横断面所形成的有效内轮廓线基础上，再考虑其施工误差、测量误差、结构变形等因素，为满足固定设备和管线安装的需要而必需的限界。

2.区间直线地段的限界

隧道建筑限界：在既定的车辆类型、受电方式、施工方法及结构形式等基础上确定的隧道的建筑限界。

它分为矩形隧道建筑限界、圆形隧道建筑限界、马蹄型隧道建筑限界三种类型。

在高架桥上，还有其相应限界。

在曲线、道岔区要考虑加宽、加高。

3.车站限界

一般站台边缘与车厢外侧之间的空隙设置100mm为宜，站台面的高度应低于车厢地板面50mm～100mm较为合适。这个数值与车辆质量及运营水平有关，也与线路和车站工程的施工质量有关。

（四）轨道

轨道结构是城市轨道交通系统的重要组成部分，一般由钢轨、扣件、轨枕、道床、道岔及其他附属设备组成。

1.钢轨

年通过总重在15Mt～30Mt时，采用50kg/m钢轨；在30Mt～60Mt时，采用60kg/m钢轨。

2.扣件

3.轨枕、道床

轨枕：长枕式整体道床。

道床：碎石（有碴）道床与整体（无碴）道床。

4.道岔（turnout）

（1）道岔的作用。

（2）道岔组成：。

转辙器（points or switch）

连接部分

辙叉及护轨（frog and guard rail）

（五）车站建筑

（1）按车站与地面相对位置分为地面站、高架站、地下站；

（2）按运营性质分为中间站、换乘站、中间折返站、尽端折返站、枢纽站、联运站、终点站；

（3）按站台形式分为岛式站台、侧式站台、岛侧混合站台；

（4）按车站埋深分为浅埋车站、中埋车站、深埋车站；

（5）按车站结构横断面形式分为矩形断面、拱形断面、圆形断面、马蹄形断面等。

（六）结构工程

1. 地下结构类型及施工方法

（1）概述

1）隧道横断面形式

车站结构横断面类型主要有为矩形、拱形、圆形、椭圆形。

区间隧道结构横断面类型主要有为矩形、圆形、马蹄形、钟形。

2）施工方法

明挖法（Open-Cut Method）：明挖顺作法、盖挖顺作法、盖挖逆作法、盖挖半逆作法。

适用：地下铁道线路在地下几米深时采用。

优点：速度快、工期短、易保证工程质量、工程造价低。

暗挖法：传统矿山法、新奥法、浅埋暗挖法、盾构法。

传统矿山法施工工艺落后，安全性较差，近年来有逐步被新矿山法取代的趋势。

新矿山法又可称为新奥法或浅埋暗挖法。其充分利用围岩的自承能力和开挖面的空间约束作用，及时对围岩进行加固。

浅埋暗挖法是松散地层新奥法施工方法。

盾构法（Shield）是以预制管片拼装的圆形衬砌。具有施工速度快、振动小、噪声低等优点，在松软含水地层中及城市地下管线密布、施工条件困难地段采用盾构法施工，其优点尤为明显。盾构法的缺点是对断面尺寸多变的区段适应能力差。

（2）地铁车站结构

1）明挖法施工的车站结构（盖挖法类似）

地下铁道线路在地下几米深时采用。

明挖车站一般为现浇整体式矩形钢筋混凝土框架结构。

根据运营需要可做成单跨、双跨或多跨结构，单层、双层或多层结构。

明挖车站结构由底板、侧墙及顶板等维护结构和楼板、梁、柱及内墙等内部构件组合而成。

2）矿山法施工的车站结构可采用单拱式车站、双拱式车站，或三拱式车站，根据需要可做成单层或双层。

3）盾构法施工的车站结构

盾构车站的结构形式与所采用的盾构类型、施工方法和站台形式等关系密切。主要有以下三种：

由两个并列的圆形隧道组成的侧式站台车站。

由三个并列的圆形隧道组成的三拱塔柱式车站。

立柱式车站。

（3）区间隧道结构

1）明挖法修建的隧道衬砌结构

明挖法修建的隧道衬砌结构通常采用矩形断面，一般为整体浇注或装配式结构。

2）新奥法修建的隧道衬砌结构

新奥法修建的隧道一般采用拱形结构，基本断面形式为单拱、双拱和多跨连拱。衬砌基本类型是复合式衬砌。

3）盾构法修建的隧道衬砌结构

盾构法修建的隧道横断面的内部尺寸全线是统一的。衬砌结构有预制装配式衬砌、预制装配式衬砌和模注钢筋混凝土整体式衬砌相结合的双层衬砌及挤压混凝土整体式衬砌。

（七）供电系统

城市轨道交通的供电系统负责提供车辆及设备运行的动力能源，一般包括高压供电源系统、牵引供电系统和动力照明供电系统。

1.高压供电源系统

高压供电源系统即城市电网对轨道交通系统内部变电所的供电系统。

高压供电源方式有三种：集中式供电；分散式供电；混合式供电。

2.牵引供电系统

（1）电力牵引的制式

电力牵引的制式指供电系统向电动车辆或电力机车供电所采用的电流和电压制式，如直流制或交流制、电压等级、交流制中的频率及交流制中是单相或三相等。

根据牵引列车的电动车辆或电力机车的基本要求，目前世界上城市轨道交通系统的牵引网均采用直流牵引，牵引电压等级较多，国际电工委员会（IEC）拟定的电压标准为 600V、750V、1500V。

我国国标电压标准为 750V 和 1500V 两种。所以，目前国内各城市的地铁和轻轨采用的电压制均在 750V 和 1500V 之间进行选择。

广州、上海采用了 1500V 电压制，北京地铁采用了 750V 的电压制。

（2）电力牵引供电系统的组成

电力牵引供电系统包括：发电厂、升压变压器、高压输电网、区域变电站、主降压变电站、直流牵引变电所、馈电线、接触网、走行轨道、回流线。

牵引变电所尽量设置在地面上。

接触网分为架空式接触网和接触轨式接触网。

架空接触网安全性较好，但运行维护工作量大、运行费用高。适用于电压较高的制式。上海、广州地铁均采用了 1500V 接触网供电的方式。

接触轨是沿牵引线路敷设的与走行轨道平行的附加轨，故又称第三轨，是敷设在铁路旁的具有高导电率的特殊软钢制成的钢轨。电动车组伸出的受流器与之接触而取得电能。

接触轨使用寿命长，维修量小、简单，运行费低，能充分利用隧道空间，在地面或高架运行时对城市景观没有影响，但在隧道内保养、检修或在车库内检修作业时应注意安全。适用于净空受限的线路和电压较低的制式。北京地铁即采用了 750V 接触轨供电的方式。

（3）动力照明供电系统

动力照明供电系统由降压变电所及动力照明组成。

每个车站应设降压变电所。

车站动力照明采用 380/220V 三相五线制系统配电。

车站设备负荷分为三类：

一类负荷：事故风机、消防泵、主排水站、售检票机、防灾报警、通信信号、事故照明；

二类负荷：自动扶梯、普通风机、排污泵、工作照明；

三类负荷：空调、冷冻机、广告照明、维修电源。

（八）通信系统

城市轨道交通的通信系统必须适应与满足轨道交通的运营管理。

整个通信系统包括以下 5 个组成部分：

1. 通信网

用通信电缆或光缆作为传输介质，所提供的服务为话音通信（自动电话交换机之间的中继线通道、各种有线调度电话、有线广播话音、直达话音通道等）及数据通信（电力、防灾、环控的监控通道，有线广播及闭路电视的监控通道及自动售检票系统的数据通道）。

2. 电话网

利用同一套程控交换机网组成有轨交通专用电话网和自动电话交换网。

3. 有线广播系统

每一个车站设置 1 套有线广播系统，每个站分为若干个播音区，如站厅，上、下行站台，机房，办公室等，可以同时广播，也可以分区广播。中央控制室通过遥控、遥测，对各车站的广播系统进行控制和监测。

4. 闭路电视系统

主要是供有轨交通中央控制室的调度人员监视沿线各车站（主要是站台及站厅）的状况，车站值班员也可以通过该系统了解站内各区域的现状。

5. 无线通信

通常可包括若干个子系统，如上海地铁一号线的无线通信包括列车调度电话、公共治安电话、车辆段电话及紧急无线电话等 4 个子系统。

（九）信号系统

用于指挥和控制列车运行的通信信号设施，尽管其投资额在整个工程中所占的比例甚低（通常在 30% 以下），但对于提高通过能力、保证行车安全却有着至关重要的作用。

城市轨道交通的信号技术制式是沿袭城市间铁路的制式，但有其固有的特点：

（1）由于城市轨道交通往往承担着巨大的客流量，因此对最小行车间隔的要求远高于城市间铁路。这就对列车速度监控提出了极高的要求，要求其能提供更高的安全保证。

（2）由于城市轨道交通的列车运行速度远低于铁路干线上的列车运行速度，因此在信号系统中可以采用较低速率的数据传输系统。

（3）由于城市轨道交通的大多数车站仅有上、下旅客的功能，在大多数车站上并不设置道岔，甚至也不设置地面信号机（依靠机车信号及速度监控设备驾驶列车），仅在少数联锁站及车辆段才设置道岔及地面信号机，如上海地铁一号线仅在 4 个联锁站及一个车辆段上设置道岔及地面信号机，因而，联锁设备的监控对象远远少于一般大铁路的客货站，通常一个电气集中控制中心即可实现全线的联锁功能。

（4）由于城市轨道交通的车辆段具有与城市间铁路车辆段不同的功能，类似于城市间铁路区段站的功能，其行车组织工作主要包括编解、接发及调车，因而，城市轨道交通车辆段的信号设备远多于其他车站，通常独立采用一套电气集中装置，但在采用微机联锁时，往往也仅作为一套微机联锁中的一部分。除了车辆段外，其他车站的行车组织作业既单纯又简单。

（5）由于城市轨道交通的线路长度、站间距离都较短，列车种类单一，行车时刻表的规律性很强，日复一日地按照同一运行计划周而复始地运行，因此，在城市轨道交通的信号系统内，通常都包含有进路自动排列功能，即按事先预定的程序自动排列进路，只有运行图变更时才有人工介入。

传统信号系统由信号、联锁、闭塞、机车信号与自动停车、调度集中等设备组成。

现代信号系统——列车自动控制 ATC 系统：

目前在一些发达国家的城市轨道交通中，依赖信号技术的进步，最小行车间隔已缩短至 100s 以下。采用先进的信号技术，还将大大提高行车的安全性，使得因人为的疏忽（如司机忽视信号显示）、设备的故障而产生的事故率降至最低。此外，采用先进的信号技术可以避免不必要的突然减速和加速，这不仅可以提高行车的稳定度，还对节能具有重要的作用。据文献报道，采用先进的 ATC 技术，使列车始终处于最佳速度状态，可导致节省电能 15% 以上。

列车自动控制 ATC（Automatic Train Control）系统，进一步增加了基本的信号控制内涵。实际上，列车自动控制系统是一个不太明确的术语，但它通常包含以下三方面的内容：

（1）ATP——列车自动防护系统（Automatic Train Protection）

列车自动防护 ATP 的工作原理是：将信息（包括来自联锁设备和操作层面上的信息、地形信息、前方目标点信息和容许速度信息等）不断从地面传至车上，从而得到列车当前容许的安全速度，依此来对列车实现速度监督及管理。ATP 的优点是缩短了列车间隔，提高了线路的利用率和行车的安全可靠性。

（2）ATS——列车自动监督系统（Automatic Train Supervision）

列车自动操纵 ATO 主要用于实现"地对车控制"，即用地面信息实现对列车驱动、制动的控制。由于使用 ATO，列车可以经常处于最佳运行状态，避免了不必要的、过于剧烈的加速和减速，因此可以显著提高旅客舒适度，提高列车准点率及减少轮轨磨损。通过与列车再生制动配合，还可以节约列车能耗。

（3）ATO——列车自动操纵系统（Automatic Train Opration）

列车自动监督 ATS 主要是实现对列车运行的监督，辅助行车调度人员对全线列车运行进行管理。它可以显示全线列车运行状态，监督和记录运行图的执行情况，为行车调度人员的调度指挥和运行调整提供依据，如对列车偏离运行图时及时做出反应。通过 ATO 接口，ATS 还可以向旅客提供运行信息通报，包括列车到达、出发时间、列车运行方向、中途停靠点信息等。

（十）环控系统

用人工气候环境保证满足乘客的需求。

它涉及空气的温度、湿度、空气流动速度和空气质量。当列车阻塞在区间隧道时，能维持车厢内乘客短时间能接受的环境条件，当发生火灾事故时，能提供有效的排烟手段，给乘客和消防人员输送足够的新鲜空气，形成一定的风速，引导乘客迅速撤离现场。

通风与空调系统：

（1）开式系统

活塞通风。

机械通风。

（2）闭式系统

（3）屏蔽门式系统

防排烟系统。

环境监控系统。

（十一）给水与排水系统

1. 给水

（1）生产、生活和消防共用的给水系统

（2）生产及生活给水系统

（3）消火栓给水系统

2. 排水

排水主要处理系统的污水、结构渗水、冲洗及消防等废水和车站露天出入口及洞口的雨水。一般包括主排水泵站、辅助排水泵站、污水泵房、局部排水泵房和临时排水泵房。

二、轨道交通系统规划的意义和目标

（一）轨道交通系统规划的意义和目标

1. 轨道交通系统规划的意义

（1）科学制订城市经济发展计划的需要

（2）制订城市各项设施建设计划的需要

（3）控制轨道交通建设用地、降低工程造价的需要

（4）轨道交通工程立项建设的依据

2. 轨道交通系统规划的目标

（1）协调好交通需求与供给之间的关系

（2）实现城市土地规划发展目标

（3）实现交通战略目标

（二）我国轨道交通系统规划存在的问题

（1）与城市总体规划联系不够紧密

（2）对客流预测中的不确定性考虑不够

（3）规划方案没有充分重视用地控制规划，导致规划方案缺乏可操作性

（4）网络规划缺乏层次性，难以体现发展重点

（5）车站交通功能定位模糊，对交通枢纽认识不深

不利的后果：

（1）缺乏交通需求和交通供给之间的动态平衡关系研究，表现在或者规模失控，或者促使城市土地畸形发展，或者部分线路客流效益得不到保证。

（2）缺乏投入和效益的宏观分析，不能制订合理工程进度和投资强度制约下的修建计划，造成政府决策的盲目性，影响线网建设的可持续发展。

（3）线路走向因缺乏论证而不稳定，影响线网整体的合理布局。

（4）没有预留适度的工程条件，为后续工程建设增加了难度，轻则投资加大，重则工程无法实施。这种情况集中表现在相交线路的换乘站建设之中。

（5）没有预留轨道交通工程用地条件，主要是正线区间和车站用地、车场用地及联络线用地，造成功能合理的线路位置往往没有建设条件。

（三）规划与设计的基本理论与理念

1. 基本理论

（1）影响因素分析

①城市

城市自然地理条件。

城市规模、性质。

城市人口。

城市发展潜力和发展趋势。

城市经济。

城市土地利用规模。

城市交通状况。

②轨道交通系统特性

系统的形式。

运行方式。

技术水平。

（2）规划范围

我国在进行轨道交通线网规划时，特别是一些大城市，轨道交通规划线网的规划

范围应该是全市域，甚至是覆盖整个城市群。轨道交通覆盖范围的扩大必然需要相应的市域内的或者城市群内的长距离快速轨道交通线路，在法国巴黎都市圈，大容量放射状的区域快线（ERE）把城市中心区域距离 50 ~ 60km 的远郊卫星城镇紧密联系起来。日本东京都市圈半径已经达到 65km。

（3）轨道交通系统的区域性

城市轨道交通发展历史表明，城市发展不同阶段对应着不同的轨道交通类型，不同类型的轨道交通适于不同城市、不同区域的发展。

在轨道交通线网规划中，要以城市发展的具体阶段和发展需求为依据，合理选择适合城市要求的轨道交通系统，根据城市不同的发展区域，如中心区、建成区、郊区等，结合范围对象的多样化需求，确定轨道交通的范围区域，选择相应的轨道交通类型。

（4）规划研究方法

①城市交通发展前景判断

首先，把握城市总体规划的基本思想，确定远景城市人口用地布局。

其次，把握城市交通发展战略，预计远景年公交出行比重与总量。

②客运主流向分析

（5）设计方法

①做好客流预测。

②做好沿线周边环境调查。

③确定合理的车站形式和埋深。

首先，与各管线业主单位的配合和协调。

其次，建设与运营应密切结合起来。

最后，充分研究施工方法也十分重要。

2. 规划的理念

（1）概念规划

概念性规划以城市的性质、基本职能、发展方向和城市体系等重大问题为研究内容。它对未来一定时段内可能进行的开发建设进行宏观的原则性指导，是城市未来空间发展的战略规划。

概念规划是把以时间期限为主导的规划模式转为以规模为主导，淡化规划期限。即在区域规划的指导下，在可预见的将来，对城市远景发展进行战略性的分析研究，提出城市发展战略的方针政策并作为城市发展的目标和总体规划的支撑和依据。

概念规划的主要内容：

第一，社会经济环境发展战略和目标对策；

第二，市域城镇体系规划、基础设施和重大项目的布局；

第三，主城区在内的市域重点城镇的规模和布局形态、城市化促进区域和城市化控制区范围及远景发展框架；

第四，研究城市能源、交通、供水、供气等城市基础设施和生态绿地、水域系统开发的重大原则问题。

概念规划的战略特点是在充分满足社会经济发展需要的前提下，结合实际，创造性地找准每个城市发展的定位。

（2）轨道交通对城市格局的引导作用（TOD）

轨道交通引导城市结构发展（the rail transit oriented development，TOD）就是通过大幅度提高交通供给，引导周边土地高强度利用。一般整个过程分四个阶段：团状开发，波浪状开发，带状开发，面状开发。

轨道交通线网中的线路按照功能可分为两种类型：

①客流追随型（SOD）

②规划引导型（TOD）

（3）城市轨道交通的可持续性

可持续发展的城市轨道交通是建立在可持续发展的理念基础之上，以可持续发展的观念分析、解决城市轨道交通中的各种问题，建立既有利于城市的交通发展需要，又同时保证环境、资源的保护和子孙后代发展的轨道交通发展模式。

①交通与环境的协和；

②交通与未来的协和；

③交通与社会的协和；

④交通与资源的协和。

从可持续发展的角度出发，城市交通各种运输方式都应当向高效节能型转变。纵观国内外城市交通发展史，最好的解决途径是优先发展以轨道交通为代表的中、大容量公共交通，限制私人机动交通发展。

（4）兼顾交通疏堵的发展引导

轨道交通作为一种面向大众的捷运工具，既能进一步促进多组团的网络式城市发展，又能有效制衡小汽车交通的过度膨胀。

在密集区修建地铁、疏导交通仍是发展轨道交通的重要任务之一。

发展成熟地区拥有较好的客流基础，既能有效地缓解道路交通阻塞，又能为日后营运提供财务保障。

（5）规划的滚动性

鉴于经济的迅速发展、城市空间布局规划的调整优化、城市建设重点和时序的调整及对轨道交通认识和技术水平的不断提高，轨道交通线网规划工作不可能毕其功于一役，有必要每隔四五年进行一次修正。事实上新的规划或多或少地会吸纳上一轮规划的内容和成果，并根据新的发展情况加以充实和提高。

（6）线路功能分级和服务一体化

地铁：服务主城区发展密度大和客流量高的走廊；

轻轨：服务主城区中等发展密度和客流量的走廊，或主要服务新城区；

市郊铁路：主城区和主要发展组团的联络线，服务市区及其市郊地区之间的交通；

城际铁路：服务较大规模城市间的直通交通。

随着轨道交通线路的增多，服务的一体化，包括票制的协同、换乘的衔接将变得越来越重要。尤其是客运枢纽站的设计需要从以人为本和方便转乘的角度给予更多的考虑。

3. 设计的理念

（1）改变车站设计理念

（2）合理设置车站出入口

（3）以人为本

①方便、快捷

②舒适

③安全

4. 规划与设计的系统分析方法

（1）系统分析概念

系统分析是系统工程在处理大型复杂系统的规划、研制和运用问题时，必须经过的逻辑步骤。轨道交通系统属于一类大型项目，其系统分析的目的如下：通过对系统的分析，认识各种替代方案的目的，比较各种替代方案的费用、效益、功能、可靠性及与环境之间的关系等，得出决策者进行决策所需要的资料和信息，为最优决策提供科学可靠的依据。

（2）系统分析的要素

系统分析的基本要素有目标、可行方案、费用、模型、效果、准则和结论。

（3）系统分析的内容

①对现有系统的分析

对系统外部的分析主要是根据国内外政治经济形式，研究轨道交通系统在国民经济中的地位、当前国家对轨道交通系统的政策及与经营活动有关的各方面的现状，如轨道交通客流情况、技术水平等。

对系统内部的分析，主要是计划安排、运营组织、设备利用、劳动力状况、成本核算及财务收支等。

②对新开发系统的分析

分析的内容可以是新系统的投资方向、建设的规模、线网的设计、可行方案的确定、设备配套及运营组织等。

（4）系统分析的步骤

①明确问题与确定目标

②搜集资料，探索可行方案

③建立模型

④综合评价

⑤检验和核实

（5）系统分析的方法

系统分析所遵循的原则：

①外部条件与内部条件相结合的原则

②当前利益和长远利益相结合的原则

③局部效益与整体效益相结合的原则

④定量分析与定性分析相结合的原则

一般说来，系统分析的各种方法可分为定性和定量两大类。定量方法适用于系统结构清楚、收集到的信息准确、可建立数学模型等情况。定量的系统分析方法有投入产出分析法、效益成本分析法等。

如果要解决的问题涉及的系统结构不清，收集到的信息不太准确，或是由于评价者的偏好不一，对所提方案评价不一致等，难以形成常规的数学模型时，可以采用定性的系统分析方法。

1）目标—手段分析方法

目标—手段分析方法，就是将轨道交通系统建设要实现的目标和所需要的手段按照系统展开，一级手段等于二级目标、二级手段等于三级目标，依此类推，便产生了层次分明、相互联系又逐渐具体化的分层目标系统。

2）因果分析法

利用因果分析图来分析影响轨道交通系统规划与建设的因素，并从中找出产生某种结果的主要原因的一种定性分析方法。

5.轨道交通系统规划设计过程与层次

（1）线网方案设计的过程

①在选择了轨道交通发展模式后，拟定线网规模。

②建立城市的初始研究对象交通路网。该路网的线路包含主要的道路及现有的轨道交通线路。

③交通路网客流特征分析。

④轨道交通初始线网方案设计。

⑤线网方案分析。

⑥线网方案评价、比选和筛选。建立线网评价指标体系，对线网方案进行比较和

筛选。

⑦线网方案更新优化。

（2）轨道交通系统选择的步骤

①确立线路走向

②确定线路规模

③线路的封闭程度

④确定线路设置的方式

⑤确定特殊要求

（3）轨道交通规划的层次性

由于轨道交通的规划建设具有近、远期结合的性质，因此需要区分轨道交通规划的合理层次。在我国轨道交通规划中，可把轨道交通规划分为轨道交通线网规划和轨道交通线网控制性规划两个层次，同时对规划线网的构成进行明确的层次划分，由近期建设的轨道线路、中期建设的轨道线路及需要研究的远期轨道线路来构成整个规划线网。

6.轨道交通系统规划设计原则与相关规范

（1）轨道交通系统规划与设计原则

①轨道交通规划应满足城市总体规划。

②路网布设要均匀，线路密度要适量，乘客换乘要方便。

③轨道交通规划应结合城市特点，充分考虑城市轨道交通多元化的趋势，合理确定轨道交通的建设标准和形式，不同的轨道交通系统的建设投资、适应城市的规模、运行指标各不相同，因此在轨道交通网规划过程中，应充分分析不同城市的特点及各线路的具体情况，不拘形式，合理确定轨道交通网中各线路的建设标准和形式。

（2）轨道交通系统规划的一般原则

①轨道交通规划要体现稳定性、灵活性、持续性的统一。

②轨道交通规划要有超前意识，要做好线网规划用地控制。

③轨道交通要支持城市建设与发展，提高项目生命力。

④轨道交通要兼具城市发展与运输的综合规划能力。

⑤轨道交通应加强与其他公共交通的规划与整合。

⑥轨道交通要以"绿色交通"为指导原则。

⑦网络布局必须与城市用地布局相结合，与城市发展形态相一致。

⑧充分考虑轨道交通与土地利用的相互影响，处理好满足需求与引导发展的关系。

⑨线路走向应与城市主客流方向一致，应连接城市主要客流发生吸引源，吸引交通流量的最大化。

⑩轨道交通作为城市交通的骨干，应与现有交通工具相配合，协调发展，以最大

限度地提高其使用效率。

⑪ 组建大型换乘中心，使之成为城市发展的副中心或新区开发的先导和依托点。

⑫ 与城市建设计划和旧城改造计划相结合，以保证轨道交通建设计划实施的可能性和连续性、工程技术上的经济性和合理性。

⑬ 依据城市形态地理态势，与城市的地质、地貌和地形相联系，以降低轨道交通工程造价。有条件的地方应尽量采用高架或地面形式。

⑭ 考虑运营上的配合。

（3）车站设备配置原则

城市轨道交通车站的设备配置首先要满足面向乘客的服务要求，其次要强调设备配置的能力匹配与经济性，最后要体现出轨道交通服务方式在各类城市公共交通服务模式中的先进性。

① 实用性

② 功能匹配

③ 先进性

④ 经济性

⑤ 安全性

三、轨道交通线网规划

（一）轨道交通线网规划的主要内容

1.轨道交通线网规划的目的和意义

（1）作用

① 缓解中心区尤其是商业区（CBD）地区交通的供需矛盾，强化土地资源可能提供的交通供给。

② 加强主出行方向上（主要交通走廊）系统的速度和容量，以便主城区外围与中心区的联系。

③ 串联城市大型客流集散点（交通枢纽、商业服务中心、行政中心、规划大型居住区、规划工业区、娱乐中心等），实现客流的合理疏解。

④ 加强对外交通与市区的联系，方便卫星城镇与市区的联系，增强城市的辐射能力。

⑤ 以高品质的供给引导交通方式选择的良性转移。

⑥ 节约能源，避免大气污染，改善环境。

⑦ 启动内需，聚集商贸及房地产开发，支持旧城改造和新区开发，并成为城市产业发展的新增长点。

城市轨道交通系统建设是庞大而复杂的系统工程，具有非可逆性，线路一经建成不可更改。因此规划布局合理和规模适当的线网就显得很重要。它的好坏直接影响着城市交通结构的合理性、工程项目的经济效益及社会效益。如果作为前期基础研究之一的线网规划发生失误，后期则难以挽回，因为用地控制、规划导向均与线网直接相关。

（2）意义

① 支持城市总体规划的实施和发展。

② 有利于城市科学制订经济发展规划。

③ 线网规划有利于城市各项设施的建设。

④ 为控制快轨建设用地提供基础。

⑤ 为快速轨道工程立项建设提供依据。

2.轨道交通线网规划的主要内容

（1）前提与基础研究

主要是对城市的人文背景和自然背景进行研究，从中总结指导轨道交通线网规划的技术政策和规划原则。主要研究依据是城市总体规划和综合交通规划等。具体的研究内容包括城市现状与发展规划、城市交通现状和规划、城市工程地质分析、既有铁路利用分析和建设必要性论证等。

（2）线网构架研究

线网构架研究是线网规划的核心，通过多规模控制—方案构思—评价—优化的研究过程，规划较优的方案。这部分研究的内容主要包括：合理规模研究、线网方案的构思、线网方案客流测试、线网方案的综合评价。

（3）实施规划研究

实施规划是轨道交通规划可操作性的关键，集中体现了轨道交通的专业性，主要研究内容是工程条件、建设顺序、附属设施规划。具体内容包括车辆段及其他基地的选址与规模研究、线路敷设方式及主要换乘节点方案研究、修建顺序规划研究、轨道交通线网的运营规划、联络线分布研究、轨道交通线网与城市的协调发展及环境要求、轨道交通和地面交通的衔接等。

（二）轨道交通线网规划的基本原理

轨道网规划要在确定的规划期限内对整个轨道网的大致走向、总体结构、用地控制、车辆段及换乘站的配置做出规划，轨道网规划的过程实际上是对初级路网不断优化完善的动态滚动过程。

主要有两类轨道交通线网的设计方法：解析法和系统分析法。

解析法：根据城市人口、土地资料，用运筹学的图论和数学规划的方法建立目标函数，求解选出线路走向。

系统分析法：根据城市的交通现状和土地发展方向，构架初始线路或线网，用交通规划方法，进行轨道交通线网的客流预测，并评价择优。系统分析法是定性经验和定量数据相结合的动态规划过程。

（三）轨道交通线网规划的方法体系

线网规划是城市总体规划中的专项规划，在城市规划流程中，位于综合交通规划之后、专项详细控制性规划之前。线网规划是长远的、指导性的专项宏观规划。它强调稳定性、灵活性和连续性的统一。

稳定性：规划核心在空间上（城市中心区）和时间上（近期）要稳定。

灵活性：规划延伸条件在空间上（城市外围区）和时间上（远期）要有灵活变化的余地。

连续性：线网规划要在城市条件不断变化的情况下，不断调整完善。

线网规划的特点：

（1）线网规划是综合的专业交通规划，同时又是全市综合交通规划的延续和补充，由于轨道交通的特点，规划和建设均对全市规划格局产生相当程度的影响，因此线网规划既有相对的独立性，又要与城市的总体规划有机地融为一体。

（2）线网规划的研究工作涉及城市规划、交通工程、建筑工程及社会经济等多项专业。各专业及相互联系紧密彼此独立，因此整体研究方法是一个包含多项子方法的集合体系。

（3）线网规划作为一项复杂的系统工程，除本身各子系统具有复杂的关系外，各种外界的影响因素和边界条件对线网规划又产生了不同程度的影响。因此，不能把线网规划作为一个孤立的系统来进行规划，既要重视其自身的建设运行机制，又要注重与外部环境及各影响因素的协调关系。

① 规划范围与年限

范围：一般是规划的城市建成区范围。

年限：近期规划和远期规划。

② 规划技术路线

这指规划工作的基本程序和主要指导思想。

规划全过程：基础研究、线网构架研究和规划可实施性研究。

（四）轨道交通线网合理规模

1. 线网合理规模的含义和指标

规模是从交通系统供给的角度来说的，从一个侧面体现系统所能提供的服务水平。它主要以线网密度和系统能力输出来反映，其中系统能力输出又与系统的运营管理密切相关。

规模的合理性关系到建设投资、客流强度，也关系到理想的服务水平的设定、建设用地的长远控制。

（1）城市轨道交通线网总长度

$$L = \sum_{i=1}^{n} l_i$$

式中：l_i——城市轨道交通网第 i 条线路的长度，km。

L 反映了线网的规模，由此可以估算总投资量、总输送能力、总设备需求量、总经营成本、总体效益等，并可据此决定相应的管理体制与运作机制。

（2）城市轨道交通线网密度

$\sigma = L/S$ 或 $\sigma = L/Q$

式中：S——城市轨道交通线网规划区面积，km²；

Q——城市轨道交通线网规划区的总人口，万人；

σ——一个总的城市轨道交通网密度，km/km² 或 km/ 万人。

城市轨道交通线网密度是指单位人口拥有的线路规模或单位面积上分布的线路规模，它是衡量城市快速轨道交通服务水平的一个主要因素，同时对形成轨道交通车站合理交通区的接运交通组织有影响。实际中由于城市区域开发强度的不同，对交通的需求也不是相对均等的，往往是由市中心区向外围区呈现需求强度的逐步递减，因此线网密度也应相应递减。评价城市轨道交通网的合理程度需按不同区域（城市中心区、城市边缘区、城市郊区）分别求取密度。

（3）城市轨道交通线网日客运周转量（人·km/ 日）

$$P = \sum_{i=1}^{n} p_i l_i$$

式中：p_i——第 i 条轨道交通线路的日客运量，人 / 日；

l_i——城市轨道交通网第 i 条线路的长度，km。

城市轨道交通线网日客运周转量是评估城市轨道交通系统能力输出的指标，表达了轨道交通在城市客运交通中的地位与作用、占有的份额与满足程度。它涉及轨道交通企业的经营管理，是轨道线路长度、电力能源消耗、人力、轨道和车站设备维修及投资等生产投入因子的函数。所以，在一定程度上，城市轨道交通网的规模还可以用能源总消耗量、产业总需求量、人力总需求量等反映生产投入规模的指标来表示，可根据需要选择使用。

城市轨道交通网的规模在规划实施期内，往往要根据城市发展的需求进行适当调整。相对而言，总长度的调整幅度不应很大。因此，城市轨道交通网的总长度是一个必须确定也是可以确定的基础数据。

2.线网规模的影响因素

合理规模的影响因素有城市的规模、城市交通需求、城市财力因素、居民出行特征、城市未来交通发展战略与政策和国家政策等。其中，城市发展的规模又包含城市人口规模、城市土地利用规模、城市经济规模、城市基础设施规模四个方面。

3.线网合理规模的计算方法

在目前的规划实践中，主要是确定线网长度或线网密度，对系统能力输出的研究以国外为多。

（1）系统能力输出规模指标的确定

对系统能力输出的研究国内外有不同做法，国外研究者多从估计轨道交通企业的成本函数出发，判断轨道交通系统的规模经济性，为管理者制定票价提供参考依据，为经营者对新服务项目的增设或已有服务项目的终止提供成本分析依据，进而讨论放松管制和私有化问题。

（2）线网长度、线网密度规模指标的确定

① 服务水平法

该法先将规划区分为几类，如分为中心区、中心外围区及边缘区，然后或类比其他轨道交通系统发展比较成熟的城市的线网密度，或通过线网形状、吸引范围和线路间距确定线网密度，来确定城市的线网规模。

高密度低运量与低密度大运量的选择决定了我们对服务水平的取舍，从现实的经济实力，倾向于投资较少的方案，而线网建设的长期性，又必须考虑乘客要求不断提高服务水平的矛盾。

② 交通需求分析法

$L = Q \cdot \alpha \cdot \beta / \gamma$

其中：L——线网长度（km）；

Q——城市出行总量；

α——公交出行比例；

β——轨道交通出行占公交出行的比例；

γ——轨道交通线路负荷强度（万人次/公里·日）。

未来居民出行总量 Q：

$Q = m\tau$

τ——人口出行强度（次/人·日）。

一般情况下，居民出行强度相对比较稳定。

线网负荷强度 γ：线网负荷强度是指快速轨道线每日每公里平均承担的客运量，它是反映快速轨道线网运营效率和经济效益的一个重要指标。

③ 吸引范围几何分析法

吸引范围几何分析法是根据轨道交通线路或车站的合理吸引范围，在不考虑轨道交通运量并保证合理吸引范围覆盖整个城市用地的前提下，利用几何方法来确定轨道交通线网规模的方法。它是在分析选择合适的轨道线网结构形态和线间距的基础上，将城市规划区简化为较为规则的图形或者规则图形组合，然后以合理吸引范围来确定线间距，最后在图形上按线间距布线计算线网规模。

$$L = S \cdot m (km)$$

其中：S——城市建成区面积（km^2）；

m——线网密度（km/km^2）。

A. 轨道交通车站的吸引范围：

据统计，在市中心区，乘坐轨道交通的大多数乘客居住在距车站步行时间不大于15分钟的范围内。一般在车站停留时间为 3 ~ 5 分钟，步行速度为 4km/h。由此确定市中心区轨道交通车站吸引范围为 650 ~ 800m（可取 750m）。

在城市中心外围地区，步行去车站的距离每侧在 800 ~ 1000m 的范围内，除此之外骑自行车或乘公交车去车站换乘的距离不超过 2km，由此确定城市中心外围区轨道交通车站的吸引范围每侧为 2km。

B. 轨道交通的线网密度：

线网密度是衡量快速轨道交通有效性、方便性和可达性的一个重要指标。

线网密度是路网线路总长与城市用地面积之比。

均匀棋盘形路网条件下，轨道交通线网线间距为 1.5km 时，线网理论密度约为 $1.33km/km^2$；线间距为 4km，线网理论密度为 $0.25km/km^2$。

④ 回归分析法

这种方法先找出影响城市轨道交通网络规模的主要因素（如人口、面积、国内生产总值、私人交通工具拥有率等），然后利用其他轨道交通系统发展比较成熟的城市的有关资料，对线网规模及各主要影响因素进行数据拟合，从中找出线网规模与各主要相关因素的函数关系式，然后根据各相关因素在规划年限的预测值，利用此函数关系式确定本城市到规划年限所需的线网规模。

$$L = b_0 \square P^{b1} \square S^{b2}$$

式中 L——城市轨道交通线路长度，km；

P——城市人口，万人；

S——城市面积，km^2；

b_n，b_1，b_2——回归系数，如对世界 48 个城市轨道交通系统进行回归，其中：

$b_0 = 1.839$，$b_1 = 0.64013$，$b_2 = 0.09966$

以上方法分别体现了城市交通需求、城市人口规模和城市用地规模等主要因素对轨道线网规模的影响作用，应用时可用上式分别计算出应有的线网总长度，然后取其平均值或最大值，作为控制路网规划线路总长度的参考值。

（3）线网长度、线网密度规模指标计算方法的特点

服务水平法的优点是借鉴了其他城市的经验，计算简单，但是存在类比依据不足，让人难以信服的缺陷。因为影响一个城市的轨道交通线网规模的因素很多，要借鉴其他城市的网络密度来进行类比分析，两个城市中影响网络规模的许多因素至少基本相同才具有可比性。但在现实中，很难找到两个在多方面都相近的城市。即使有，也很难说就可以拿来作为本城市设计网络规模的依据，因为被类比城市本身的网络规模就可能是不完善甚至是不合理的。因此，用这种方法很难得出一个令人信服的结果，只能作为参考。

交通需求分析法从交通需求满足供给的角度出发计算线网规模，易于理解，但是计算数据需要进行推算。

吸引范围几何分析法的特点是根据城市用地规模和轨道交通服务水平来确定轨道交通线网规模，因此能够保证一定的服务水平，而且由于城市规模比交通流量容易控制，规划线网规模受不确定因素干扰少，可以用来确定规模范围。缺陷是没有考虑轨道交通运量的限制，而且假定将合理吸引范围覆盖整个城市用地也会导致规划线网规模偏大。

回归分析法有较强的理论根据，所得结果容易被大家所接受。但在具体应用中存在着难以寻找合适的拟合样本等问题。

总之，以上几种方法各有特点和一定的局限性，它们是对同一事物不同侧面的反映，在实际工作中可共同使用相互印证，重点是在把握所规划城市或地区的特点和发展趋势的基础上来对线网规模进行计算。对各模型的差异性结果应经多方面定性分析及综合协调后加以判定。

（五）线网构架的类型

1. 路网线路间的基本关系分析

（1）路网按线路布置方式的划分

① 分离式路网

② 联合式路网

（2）路网线路之间的基本形态关系

① 线路之间无交叉

② 线路之间交叉一次

③ 线路之间交叉两次及以上

2.路网形态结构的特征分析

（1）放射形线网

以城市中心区为核心，呈全方位或扇形放射发展。

至少以三条相互交叉的线路为基本骨架，逐渐扩展、加密。

中心区多点换乘。

放射形线网突出优点如下：

方向可达性较高。

符合一般城市由中心区向边缘区土地利用强度递减的特点。

（2）设置环线的线网

环线主要有两个作用：一是加强中心区边缘各客流集散点的联系；二是截流外围区之间的客流，通过环线进行疏解，以减轻中心区的交通压力。

轨道交通网络中的环线与城市道路网中的环线，其作用有明显的差异。

在城市道路网络中，环线的作用在于分流过境交通，屏蔽中心区道路交通，虽然环线会造成车辆一定程度的绕行，但高速度可以抵消空间上的损失，因此环线对过境或跨区这样的交通出行有较大的吸引作用。

轨道交通环线的特点：轨道交通是方向固定的交通系统，受技术条件的限制，线路间的转换不能像汽车那样灵活，而是要通过换乘站的换乘来实现，而换乘的时间损耗是明显的。因此轨道交通环线的作用受到限制，尤其是交通屏蔽作用不如道路环明显。轨道交通环线的客流取决于沿线人口和就业数量，也就是环线自身串联的客流集散点的规模。

（3）棋盘式线网

优点：线网布线均匀，换乘节点能分散布置；线路顺直，工程易于实施。

缺点：该类型线网平行线路间的相互联系较差，其客流换乘需要通过第三线来完成。据苏联有关研究，棋盘式线网的运输效率较放射线加环线线网低18%。

轨道交通线网发展趋势：

目前世界上大城市轨道交通的发展思路大致可以概括为三种：

①在原来的轨道交通线网基础上，开辟快车线，如巴黎、莫斯科等。

②在原来线网的基础上，向外围延伸，线路逐渐延长。

③轨道交通线网的规划是长远的，实施计划要分期、分段进行，保持工程实施和运营的连续性，以便尽快发挥效益。

轨道交通线网发展已经使轨道交通成为影响特大城市的结构与功能发展的重要因素，概括归纳如下：

①轨道交通线网的系统形成，已成为整个城市客运交通的基础和骨架。

②轨道交通线路的布局，已成为城市土地利用规划和交通规划的双重核心。

③ 轨道交通车站分布，将成为吸引大量居民的中心、社会活动的中心和文化、商业聚集的中心，在城市规划结构中占有重要地位。

（六）线网规划方案的形成

1.线网架构的基本要素

（1）主要交通走廊

主要交通走廊反映城市的主客流方向，对其识别有以下方法：

方法一：经验判断法——根据城市人口与岗位分布情况，设定影响范围，通过对线网覆盖率的判断来确定线路的走向。此法较为简单，只需将人口与岗位分摊到交通小区中并打印出相应的人口与岗位分布图，在此图上根据经验判断画出线路走向。这种方法目前使用较多，但仅考虑了人口密度的分布情况，忽视了人员出行行为的不同。因此在线网布设时可能与实际客流方向不完全吻合。

方法二：出行期望经路图法——规划年出行预测得到远期全人口、全方式 OD 矩阵；将远期 OD 矩阵按距离最短路分配到远期道路网上得到出行期望经路图；按出行期望经路图上的交通流量选线，产生初始线网。

方法三：两步聚类识别法——先通过动态聚类，将所有的交通流量对分类成 20～30 个聚类中心，而后通过模糊聚类法，以不同的截阵选择合适的分类，并进行聚类计算，最后可获得交通的主流向及流量并结合走廊布局原则及方法确定主要交通走廊。

方法四：期望线网法——这是由法国赛思达公司与上海规划设计院合作进行上海轨道交通规划时采纳的方法。此法借助于上海交通所开发的交通预测模型，也可称为蜘蛛网分配技术。这里的期望线有别于城市交通规划中通常使用的期望线，更多地考虑了小区之间的路径选择，期望线网可以清晰地表达交通分区较细情况下理想的交通分布状况。它是连接各交通小区的虚拟空间网络，在该网络上采用全有全无分配法对公交 OD 矩阵进行分配，从而识别客流主流向确定交通走廊。

（2）主要客流集散点

主要客流集散点是在确定轨道交通线路骨架以后确定轨道交通线路具体走向的主要依据。客流集散点按照性质分为交通枢纽、商业服务行政中心、文教设施、体育设施、旅游景点和中小型工业区等。

（3）线网功能等级

不同运量等级的客运走廊需要确定中运量或是大运量的轨道交通系统，而且轨道交通在城市不同地区对城市发展与支持社会经济活动中发挥的功能也不同，轨道网络功能层次划分正是根据这一特点确定轨道线路的服务水平与等级。轨道线路功能层次可划分为市域快线、市区干线和市区辅助线。

市域快线：在市区与卫星城镇之间，为长距离出行提供快速的交通联系。

市区干线：在市区内部为中距离出行提供快速便捷的交通联系。

市区辅助线：作为市区干线的补充线，保证整个轨道交通网络系统整体功能的发挥。

2.线网构架的一般思路

基本思路：

初始方案集生成—客流测试—方案评价—推荐线网方案的形成。

（1）面、点、线要素层次分析法

轨道交通线网构架的研究应采用定性和定量分析相结合、以定性分析为主的方法进行。所谓定性分析主要是指对城市背景的深入分析，对方案工程问题的比较论证，对远景各种边界条件的合理判断等。

所谓定量分析主要是指利用先进的预测模型，对远景交通需求分布进行预测。因此，这种规划方法也被形象地称为"规划师和模型师的有效结合"。这里的理论基础主要来自城市规划学和交通工程学中的相关理论。它既可避免主观臆断，又可避免过于依赖模型而失去对模糊边界条件的合理把握，比较符合我国的实际情况。

"面""线""点"既是3个不同的类别，又是3个不同层次的研究要素：

①"面"的分析即整体形态控制，拟定轨道交通线网基本构架。

②"点"的分析即线网服务对象的甄选，城市大型客流集散点分析。

③"线"的分析即交通走廊分析，线网内各线路可能的路径分析。

研究过程：

第一阶段：方案构思

根据线网规划范围与要求，分析城市结构形态与客流特征，进行"面""点""线"层次分析，通过现场勘探，广泛搜集资料，从宏观入手对线网方案进行初始研究，构思线网方案。这些方案除有各自的特点外，还有许多共性，成为线网构架方案研究的重要基础。

第二阶段：归纳提炼

对初始构思方案进行分类归纳后，又经内部筛选提炼，推出其中的部分方案，向各有关单位征求意见，并要求提出补充方案。结过"筛选—方案补充—再筛选"的提炼过程，形成基础方案。这次筛选中保留各种有较强个性的方案，合并共性方案，尽量全面听取各种思路和观点，形成代表不同政策倾向、不同线网构架特征和规模的方案。

第三阶段：方案预选

以基础方案为基础，以线网规划的技术政策和规划原则为指导，根据合理规模和基本构思要求，又进一步选择出几个典型的、不同线路走向和不同构架类型的方案，成为初步预选方案。

第四阶段：预选方案分析与交通测试

前几阶段的方案深化主要以定性分析为主，从这一阶段开始，需要通过定量分析对方案做进一步的论证，用交通模型进行测试，进入定性与定量分析相结合的系统分析阶段。

第五阶段：调整补充预选方案，并选出候选方案

通过分析和测试，预选方案均各自存在优点和不足之处，需要对其进行优化完善。在此基础上可以对方案进行补充。由于补充方案只是通过定性分析进行优化，其线网整体性能是否真正得到优化还是未知的。因此接下来对补充方案进行同等条件下的交通测试，进一步以定量分析论证，确认补充方案是优化方案，并推荐为候选方案。

第六阶段：推荐最终方案

在以上定性与定量分析的基础上，又采用线网方案评价系统，对预选方案分组评价、排序，推选出优化方案。

（2）"以规划目标、原则、功能层次划分为前导，以枢纽为纲、线路为目进行编织"的方法

该方法也是定性分析与定量分析相结合，由中国城市规划设计院在《北京市城市轨道交通线网优化调整》中加以应用，注重轨道交通对城市发展和土地开发的作用，以交通枢纽为节点，以现有和潜在的客运走廊为骨干，综合考虑轨道交通线网的功能层次划分，最终建立以枢纽为核心，功能层次分明的轨道交通网络。

在这种方法中，尤其突出了枢纽类客运集散点的地位和作用，采用以枢纽为核心的"两两换乘"的设计方法实现线路之间的一次换乘，提高轨道交通线网的整体运输效益，通过在线网规划中，采取换乘枢纽整体布局来实现轨道交通线网与城市和其他交通系统的有效衔接，并将线网构建层次划分为外围层次和市区层次，由市域快线、市区干线、市区辅助线共同构筑网络状的城市快速轨道交通系统结构。其具体研究过程所划分阶段与"面、点、线要素层次分析法"一致，所不同的是方案构思的依据侧重点不同。

（七）线网规划方案的评价

1. 交通系统评价方法概述

对规划获得的轨道交通路网规划方案集，决策者必须从中选择最优方案，做出决策。任何规划的决策最终都归结为方案评价，评价是对路网规划过程和结果的鉴定，评价的好坏直接影响着决策的正确性。

2. 评价的基本原则和评价方法

（1）服从完善城市交通系统结构；

（2）考虑轨道网本身建设和运营的特性；

（3）对城市土地利用的影响；

（4）将可实施性计入在内；

（5）体现必要性论证的功能；

（6）注意后期的运营和建设；

（7）做发展的适应性分析。

城市轨道交通线网评价应选择符合其特点的评价方法。城市轨道交通规划决策的基本要素在于构建一个合理的准则体系，有足够可靠的信息（数据），选择适用的决策方法，并具有简洁明了的特征。如前所述，城市轨道交通规划方案评价是多属性评价过程，在实践过程中，多利用广泛使用的 AHP 法构建评价问题的递阶层次结构，通过专家咨询打分的方法确定权重，最后计算广义效用函数进行综合评判。

3. 预选方案的评价过程

线网综合评价递阶层次结构构造：

（1）准则层的确立

确立准则层为四个要素：与城市发展的协调性、对居民出行条件的改善作用、运营效果、建设实施性。

（2）指标的筛选原则

在确定了准则层后，对于指标的选取遵从实用性、非重叠性、可行性的原则。

（3）专家咨询意见及指标体系的分析与调整

在初步确立城市轨道交通线网规划方案评价指标体系的基础上，设计出专家调查材料（包括指标体系说明、评分表、意向调查及意见反馈），以信函方式向专家咨询。对专家咨询结果进行统计分析，基本满足要求时，可以不进行下一轮咨询。

权重的确定：权重是指对于评价目标、评价系统或评价指标之间相对重要程度进行确定。权重的确定对方案比较评价的意义重大，所以需仔细分析、慎重进行。

综合评价选优：在计算出各评价指标分级指数和确定系统及指标权重的基础上，以线性加权和法求出待评价各方案的综合效用值，选择具有最大效用值的方案为最优方案。

4. 候选方案的综合评述

经过以上过程，可以从预选方案中推选出 2 ~ 3 个（不宜过多）候选方案，对其进行综合比较和评价，这部分评价以定性分析为主。

（1）线网结构

基本特征：该项主要比较线网特征与城市结构特点的符合程度。

线网的覆盖性和密度：线网在城市特定区域面积覆盖率应大于某一值。

对外延伸和接口条件：城市主要出入口应有轨道交通线路衔接。

（2）运营效果

承担的客运量。从轨道交通本身而言，其线路是否可行、实施后能否取得较高的运营效率和较好的经济效益，主要取决于线路未来客流量和线路负荷强度。

客流的直达性和均衡性。轨道交通线网的客流直达性可由线网客流的平均换乘系数反映，换乘系数越低，说明客流的直达性越高。线网客流的不均衡系数反映出线网各条线客流的均衡情况，不均衡系数越小，说明线路承担的客流越均衡，运营也就容易组织，运营效率也就更容易发挥，从另一个角度来说，线网线路的选线就越合理。反之，运营组织就不太有利。

平均乘距和在乘时间。轨道交通线网的修建必然使城市交通的可达性提高，出行距离加长，从轨道交通本身而言，平均乘距和在乘时间的增长意味着轨道交通服务水平的提高和城市交通的改善。

（3）实施

形成与城市近期发展规模相适应的基本线网的条件是衡量整个线网方案的重要指标。近期线网的优劣可以从以下几个角度分析：与远期线网的实施是否存在矛盾；各条线路是否具备独立运营，并建成一段、运营一段的条件；各线之间是否具备良好的换乘关系；是否与城市建设发展的近期要求相适应。

（4）社会效益

社会效益主要体现在提高旅客出行质量、对城市道路交通压力的缓解、对交通安全、交通环境保护的贡献等方面。

（5）战略发展

战略发展重点涉及与土地利用吻合程度、沿线土地开发价值及发展适应性等方面。在城市的外围区，由于存在一些不可预见因素和城市建设过程的加快，土地利用的性质和规模都可能起变化，轨道交通线网在这些地区要保持一定的灵活性和适应性。

四、轨道交通工程可实施性规划

（一）车辆段及其他基地的选址与规模

1. 规划内容与要求

（1）车辆段及其他基地可统称为车场。它是轨道交通系统中承担车辆检修、停放、运用及各种运营设备保养维修的重要基地，是线网规划中不可缺少的关键组成部分。车场一般规模较大，最小也要超过10公顷，在城市建成区范围内寻找适合车场要求的用地一般很困难，有时甚至要到城市边缘去寻找用地。因此，车场设置条件往往决定了整条线路的可行性。

（2）车场规划包括各车场的总体分布、作业分工、场址选择、规模估计，作为用地控制规划的依据。

2.车场分类

（1）综合检修基地：综合检修基地主要包括车辆段、设备维修中心和材料设备库三部分，也可增设职工培训中心。

① 车辆段

承担车辆大修及本线车辆的段修（架修、定修、月修、临修）；

车辆日常技术检查、维修、清扫洗刷和停放；

车辆运用管理。

② 综合维修中心

承担全线空调机、通风机、电机、水泵、自动扶梯、自动售检票机、供电等机电设备的定期修理和维修保养；

承担通信、信号、防灾监控、电力监控、向导标志、管理用计算机等电子设备检修和维护；

承担车站建筑、隧道、轨道等土建工程的维修保养。

③ 材料设备总库

承担轨道交通各种机电设备、备品备件、材料及劳保用品的保管发放。

（2）车辆段：承担本线车辆的段修及清扫洗刷、停放和运用管理等。

（3）停车场：承担本线一部分车辆的技术检查、清扫洗刷、停放和运用管理。

3.车场规划一般要求与基础条件

（1）一般要求

① 车场规划的重点是根据轨道交通规划线网进行车场选址，确定各段的合理分工及建设规模，达到控制建用地的目的。

② 根据规范要求，每条线路宜设一个车辆段。当一条线的长度超过20km时，可设一个车辆段和一个停车场。在技术经济合理时，可两条线路共用一个车辆段。

③ 车场应靠近正线，以利于缩短出入线长度，降低工程造价。

④ 各车场线路应尽可能与地面铁路专用线相接，以便车辆及物资运输，部分车场不具备上述条件时，也可通过相邻线路过渡。

⑤ 各车场任务和分工必须从全网统筹规划、合理布局、有序发展。试车线长度应根据场地条件和城市规划要求，在可能条件下应尽量长一些。

⑥ 全线网车辆的大修任务应集中统一安排，可选定在几个车辆段增设车辆大修任务，不单设大修厂。

⑦ 培训中心可以灵活设置。

⑧ 车场用地性质应符合城市总体规划，要求注意环境保护。

（2）规划基础条件

① 车辆检修技术标准

车辆检修技术标准对车辆检修场地规模影响很大，在规划阶段应为将来实施留有余地，因此在制定车辆检修技术标准时，应充分研究可能的各种标准，选取用地规模要求较大的作为规划标准。

② 车辆检修制式

目前各国地铁车辆检修采用两种制式，一种是厂修、段修分修制，另一种是厂修、段修合修制。

4. 车场选址的技术要点

一般每条轨道交通线设一个车辆段，若线路较长则增设停车场。

车辆段规划设计总体上主要分为三个部分：咽喉部分、线路部分及车库部分。

咽喉部分是车辆段的停车库、检修库与正线的连接地段，有出入段线和很多道岔，它直接影响着整个轨道交通的正常运行。咽喉部分规划设计中既要注意保证行车安全、满足输送能力的需要，又要保证必要的平行作业，还要努力缩短咽喉区长度，尽量节省用地。

线路部分有各种不同用途的停车线、洗车线、牵出线、试运行线及材料线等。

车库部分有停车库、定修库、架修库。停车库除了停放车辆外，还是日常检修保养的场所，所以设有检查坑。架修、定修库做定期修车用。各库之间应有便捷的联系。

（1）车辆段、停车场的选址要选择地势平坦、地质良好、无大的水文地质影响的地域，用地应相对集中，一般为长方形，便于车辆段、停车场的布置。

（2）城市轨道交通线路一般都穿越市区，线路中部多为市中心地区，要征用车辆段那样的大规模用地很困难。因此，往往在郊外征用土地，采取在线路端部设置车辆段的方法。这种方式与线路起终点在郊外，线路中部穿过市中心的情况相配合，早上车辆由车辆段向市中心方向发车，晚上往郊外方向入车辆段，配车的损失时间减少。

（3）车辆段、停车场及本线路上的折返线三方面总的停车能力应大于本线远期的配属车辆总数。为便于列车进出，一条停车线存放的列车数不应超过 2 列。

（4）由于车辆段上除了列车停车库外，还有试车线、车辆检修设备、综合维修中心等，为充分利用这些设备，减少车辆段用地总量，应尽量将车辆段集中于一处设置。若分散布置，则所需用地面积将会增大。在技术经济合理、城市用地规划许可时，可以两条线路共用一个车辆段。当一条线的长度超过 20km 时，为减少列车空走距离，应及时对车辆进行检查，可以在线路的另一端设一个停车场。

（5）车辆段和停车场应靠近正线，且位于容易铺设较顺直的出入段线路的位置，以利于缩短出入线长度，降低工程造价，改善使用条件。

（6）车辆段及停车场的选址要考虑防火灾、防水害的要求，周围应有雨、污水排放条件。

（7）各车辆段线路应尽可能与地面铁路专用线相接，以便车辆及物资运输，部分车辆段不具备上述条件时，也可通过相邻线路过渡。

（8）各车辆段和停车场的任务分工必须从全网着眼，统筹规划，合理布局，有序发展。试车线长度应根据场地条件和城市规划要求设定。

（9）整个路网车辆的大修任务应集中统一安排，并集中设一处职工培训中心。

（10）各综合检修基地及车辆段用地规模应按规划分工所承担的作业量，并考虑将来技术发展及适当留有余地进行规划。

（11）车辆段和停车场用地性质应符合城市总体规划及环境保护要求。

在车辆段中，要设置能够对全部保有车辆按列车编组进行停、放的停车线。因此，各停车线的有效长度应为（列车长度 +8m）或其 2 倍长。虽然这个条件非常苛刻，但是由于列车在运行间隔为 2min 或其以下的高密度行车状态下列车编组是不可能的，因此原则上要避免分开存车。各存车线线间距视车辆宽度而定，通常为 3.80m。

选址要考虑尽量减少拆迁、少占农田的要求，建成后尽量减少对周围居民生活的影响，尽量减少对地面交通的影响。同时，车辆段的选址要结合轨道交通系统的性质及运营特点。

5. 对车辆段设置的要求

（1）市区内的轨道交通系统

市区内的轨道交通、主要解决市区内部的交通问题，其目的是为加强市中心区域对周围区域的辐射及吸引力、其线路基本是郊区—中心城区—郊区，其沿线客流相对分布均衡，中心城区内客流较为集中。从运营效率来看，车辆段设在线路中部较好，早晨同时向线路两个方向发车，没有空车运营。

但是线路中部多为市中心地区、而车辆段规模很大。一般为 20~40km²，要征用如此大规模的用地是相当困难的，若规划中没有预留，仅拆迁这一项就投资巨大。因此，一般在线路端部即郊区设置车辆段，这样早晨由车辆段向市中心方向发车，晚上往郊外方向入段，空车运营损失时间很少。若线路较长，可在线路另一端增设停车场、无论是从运营方面还是工程投资上都是较为理想的设置方式。

（2）城际间的轨道交通系统

对于城际间带有市郊铁路性质的轨道交通快速线、车辆段的设置却有所不同。因线路基本是从市区到卫星城，两端市区客流量大且高度集中，中间为郊区，客流量少且较分散，整条线路客流很不均衡，从运营效率来看，车辆段、停车场分设于两端较好，但线路两端恰好都在寸土寸金的中心城区，这样设置投资太大。当然，如条件允许，车辆段结合旧城改造进行综合开发，实现城市土地空间的合理利用，也不失为一种较好的设置方式。

6.车场用地规模估测

车场规模的大小与其所承担的检修工作量（综合检修基地、车辆段、停车场）有密切关系，也与车场出入线和站场线路布置形式有关系。

（1）综合检修基地规模的确定

综合检修基地包括车辆大修段、机电设备维修中心和材料设备仓库三部分。

车辆大修段：车辆大修、架修设施的规模是按照它所承担的线路长度和列车运行参数，估算出配属的车辆数以及年大修、架修车辆数，用同类工程进行类比，确定车辆检修部分的占地面积。列车停放部分的占地面积是按照本线车辆检修作业分工，应分担的停放列车数进行估算的。

设备维修中心和材料仓库：机电设备维修中心和材料仓库的用地面积是根据它们所承担线路的长度和同类工程的平均用地指标进行估算的。

将上述三部分用地面积相加，即为综合检修基地的估算面积。

（2）车辆段规模的确定

车辆段架修、定修库及辅助设施的用地面积是按照所承担线路的长短及配属车辆数，用类比法确定的。车辆段停车库的用地面积，是按照本线车辆段与停车场作业分工应分担的停放列车数进行估算的。将二者相加即为车辆段的估算面积。

（3）停车场规模的确定

停车场的规模除了车辆停放所需面积之外，还要考虑承担部分车辆的三月修、双周检和洗刷作业所需的面积。

（二）线路敷设方式规划

1.城市轨道交通线路设计的特点

（1）线路难以改建，线路设计要做长期的考虑。

（2）线路允许的设计坡度较大。

（3）线路一般为双线，一般车站处只有2股道，通常每条线路设有1个车辆段和1个停车场。

（4）运距短，站点密，停车频繁，中等运营速度。

（5）车站长度较短。

2.线路敷设方式规划的意义

轨道交通线路一般采用三种敷设方式，即地面、高架和地下。轨道交通线路采用不同的敷设方式，其用地规划控制条件将截然不同，而且将对城市用地、环境以及轨道交通系统自身的工程代价产生重大的影响。

3.线路敷设方式规划的要求

（1）线路敷设方式应根据城市总体规划的要求，结合城市现状以及工程地质、环境保护等条件，可选为地下线和地上线。

（2）线路敷设位置，应尽量选择在道路红线以内，以避免或减少对道路两侧建筑物的干扰。

（3）线路敷设方式在旧城市中心区建筑密度大的地区，应选择地下线；为了节省工程造价在其他地区应尽量选用地上线，但必须处理好对城市景观和周围环境的影响。

（4）地上线应选择道路红线较宽的街道敷设，其中高架线（包括过渡段）要求道路红线宽度一般不小于 50m（困难情况下，区间可降至 40m），地面线要求道路红线宽度为 60m。

（5）线路敷设方式还要从整个线网协调统一考虑，尤其是在线网上的交织（交叉）地段，要处理好两线间换乘或相互联络的问题。

（三）车站站位及主要换乘点规划

1. 车站站位规划

（1）有利于车站用地控制。

（2）有利于城市土地利用规划的调整和配合。

（3）有利于沿线大型建设项目的配合。

（4）有利于规划可实施性研究的进行。

（5）有利于其他交通方式衔接和客流发展倾向的引导。

考虑要点：

（1）为获得较好的客流吸引能力，车站应与有或规划有客流集散点、道路系统和其他交通方式的枢纽靠近。

（2）与周边土地利用性质和发展意图匹配。

（3）满足运营在最短站间距、旅行速度、列车牵引特性等方面的要求。

（4）满足工程可实施方面的要求，如线路、土建、设备或施工组织等。

2. 站间距的确定

（1）从乘客总出行时间的角度优化站间距。

（2）最优站间距的变化。

（3）站间距对工程运营及城市发展的影响。

车站的间距大小会对乘客出行时间、运营费、工程费以及车站在城市中的作用等多方面产生错综复杂的影响，应综合考虑，合理确定。

一般城市轨道交通的合理站间距范围在 0.8 ~ 1.6km 之间，城区用得小一些，郊区用得大一些，可在 2~3km 以上。

在布设轨道交通车站时，除了考虑合理站间距的条件之外，还要考虑以下因素。

（1）站间距离要尽量均衡些；

（2）站位应设于汇集大量客流的重要场所附近，并能和其他交通方式方便换乘的地方；

（3）设站要考虑该地区的发展，与城市规划相协调；

（4）具体站位还要考虑施工条件、道路状况、交叉口等道路形态及地面交通情况。

3.换乘点规划

（1）换乘点在线网中的作用

换乘点是线网构架中各条线路的交织点，是提供乘客转线换乘的重要地点，乘客通过换乘点的车站及其专用或兼用通道设施，实现两座车站之间的人流沟通，达到换乘的目的。

（2）换乘方式的基本类型

换乘方式首先决定于两条线路的走向和相互交织形式。一般常见的有垂直交叉、斜交、平行交织等多种形式，但归纳到换乘方式，可分为：同站台换乘、结点换乘、站厅换乘、通道换乘、站外换乘等。

（3）换乘方式选择的相关因素

两条线的修建顺序。

两条线路交织形式和车站位置。

换乘客流量和客流组织方式。

线路和车站结构形式和施工方法。

周围地形条件、地质条件、规划的地面和地下空间的开发要求等。

换乘方式的选择首先要定换乘点，再定线路与车站位置（包括车站形式），同时选择车站换乘方式，最终进行车站设计时，确定换乘结构形式。

（4）换乘点的分布原则

线网中任意两条线路应尽可能相交 1 ~ 2 次。

换乘结点应适当分散，避免过分集中在城市中某个狭小区域。

换乘结点最好为两线交叉，有利于分散换乘客流，合理控制换乘站规模，简化换乘站客流组织，降低工程施工难度，节省工程造价，有利于车站维持良好乘车秩序，组织高密度行车，有利于提高运行质量。

换乘结点应尽量避免 3 条以上线路交叉于一点，否则，一方面换乘客流干扰较大，另一方面工程难度较大。

换乘点应主要分布于城市重点区域，如中心区或外围特大型客流集散点。

（四）联络线规划

1. 联络线的作用

（1）车辆跨线运营。

（2）调转运营车辆。

（3）运营车辆送修。

（4）向新建线运送物料。

（5）线路之间车辆救援。

2. **联络线的布置形式**

（1）双线联络线。

（2）单线联络线。

（3）渡线联络线。

3. **联络线数量分析**

（1）联络线的最大数量。

（2）联络线的最小数量。

（3）联络线的数量选择。

4. 联络线设置的一般要求

（1）联络线是一种辅助线路，利用效率低，一般都按单线双向运行设计。

（2）为大修车辆运用设置的联络线，要尽可能设在最短路径的位置上，同时要考虑到工程实施的可能性。

（3）联络线的设置要考虑线网的修建顺序，使后建线路通过联络线从先建的线路上运送车辆和设备。

（4）联络线的布局，应从线网的整体性、灵活性和运营需要综合考虑，使之兼顾多种功能，发挥最大的经济效益。

（5）联络线的设置应根据工程条件并考虑和其他建设项目的关系，在确保联络线功能的同时，减少对其他项目的影响。

（6）联络线尽量在车站端部出岔，便于维修和管理。困难情况下也可在区间出岔，但应注意避免造成敌对进路。

（7）联络线的设置应考虑运营组织方式，要注意线路制式及限界的一致性。

5. 联络线的设计方法

（1）主通道增长法。

（2）建设成本优化法。

（五）线路建设顺序规划

1. 修建顺序规划的原则

（1）线网实施规划是一项长远规划，因此既要有预见性，又要有灵活性。近期年限（一般为10年）以前要突出可实施性，远期线网要适应远景的城市总体规划的发展，既有宏观的控制性，又留有相应调整的可能性。

（2）线网实施顺序必须与城市发展规划相结合，与土地开发、重点项目建设相结合，支持城市总体规划实施。

（3）制定实施顺序受三个根本因素制约：工程投入、交通效果、城市政策。

（4）线网实施规划必须有重点、有层次，先建核心层，再向外延伸，循序发展。

（5）线网实施规划应分步实施。实施规划的重点是近期，近期实施的线网规模应注重需求因素和综合实力分析。

（6）线网规划的实施顺序要讲实效，应考虑工程和运营的连续性、效益性，首先要支持现有线路的客流增长。

（7）线网中各条线路实施规划，必须同时考虑车场的配置、行车组织方案，以及所需的配套线路工程。

2. 近期的线网修建规模

（1）按客运需求分析。

（2）按线网覆盖密度分析。

（3）按投资可能性计算。

（六）线网运营规划

1. 运营规划的目的和内容

运营规划的目的是进一步对线网布局的合理性进行验证。

内容：

（1）各线运量等级划分。

（2）研究各线路的功能定位及运营组织方式。

（3）确定系统主要设备（如车辆制式）选型。

（4）论证并规划不同等级的运营方式及特殊运营模式。

2. 各线运量等级的划分

轨道交通运量等级：大运量、中运量。

3. 列车运营组织方式

（1）基本方式：

全线独立运营方式。

分段延伸运营方式。

（2）"Y"型线的运营方式

五、轨道交通系统线路设计

（一）线路总体设计

线路设计是在已经确定的城市轨道交通线网条件下，研究某一条或某一段线路的具体位置，确定相关细节，包括线路的路由方案、敷设方式以及站点选择等。

1.线路的走向与路由

（1）所需资料。

（2）线路方向及路由选择。

①线路方向及路由选择要考虑的主要因素：

线路的作用。

客流分布与客流方向。

城市道路网分布状况。

隧道主体结构施工方法。

城市经济实力。

②通过特大型客流集散点的路由选择。当特大型客流集散点离开线路直线方向或经由主路时，线路路由有下列方式可供选择。

路由绕向特大型客流集散点。

采用支路连接。

延长车站出入口通道，并设自动步道。

调整路网部分线路走向。

调整特大型客流集散点。

③路由方案比选。路由对线路工程建设和城市发展影响重大，应多做路由方案比较。吸引客流条件、线路条件、施工条件、施工干扰、对城市的影响、工程造价、运营效益等，是路由方案比选的主要内容。

④影响线路的走向与路由确定的因素：

线路的性质、作用及地位。

客流集散点和主客流方向。

城市道路网及建设状况。

线路的敷设方式和技术条件。

与城市发展的近远期结合。

2.线路敷设方式

地下线：一般选择在城市中心繁华地区，是对城市环境影响最小的一种线路敷设方式。

地面线：是造价最低的一种敷设方式，一般敷设在有条件的城市道路或郊区。

高架线：介于地面和地下之间的一种线路，既保持了专用道的形式，占地较少，又对城市交通干扰较小。

线路与地面建筑物之间的安全距离：

地下线与地面建筑物之间的安全距离。

高架线与建筑物之间的安全距离。

地面线与道路及建筑物之间最小安全距离。

线路位置方案比选：

线路条件比较：包括线路长度、曲线半径、转角等。对于小半径曲线，在拆迁数量、拆迁难度、工程造价增加不多的情况下，宜推荐较大半径的方案，若半径大于或等于400m，则不宜增加工程造价来换取大半径曲线。

房屋拆迁比较：包括拆迁房屋数量、质量、使用性质、拆迁难易等的比较。质量差的危旧房屋可以拆，住宅房易拆迁，办公房次之，工厂厂房难拆迁；学校、医院等单位，一般要邻近安置；商贸房异地搬迁，在市场经济的条件下，拆迁难度大。

管线拆迁比较：包括上下水管网、地下地上电力线（管）、地下地上通信电缆线（管）、煤气管、热力管等的数量、规格、费用及拆迁难度比较。大型管道改移费用高，下水管改移难度大。

改移道路及交通便道面积比较：包括施工时改移交通的临时道路面积及便桥，恢复被施工破坏的正式路面及桥梁等。

其他拆迁物比较：不属于上述拆迁内容的其他拆迁。

地铁主体结构施工方法比较：包括施工的难易度、安全度、工期、质量保证、市民生活的影响等方面的综合分析评价。

3. 车站的数量及其分布

（1）车站分布原则

应尽可能靠近大型客流集散点，为乘客提供方便的乘车条件；

在城市交通枢纽、地铁线路之间与其他轨道交会处设置车站，使之与道路网及公共交通网密切结合，为乘客创造良好的换乘条件；

应与城市建设密切结合，与旧城房屋改造和新区土地开发结合；

尽量避开地质不良地段，尽可能减少对周围环境的干扰；

兼顾各车站间距离的均匀性。

（2）影响车站分布的因素

大型客流集散点。

城市规模大小。

城区人口密度。

线路长度。

城市地貌及建筑物布局。

轨道交通路网及城市道路网状况。

对站间距离的要求。

（3）车站分布对市民出行时间的影响

车站数目的多少，直接影响市民乘地铁的出行时间。车站多，市民步行到站的距离短，节省步行时间，可以增加短程乘客的吸引量；车站少，则恰恰相反，提高了交通速度，减少乘客在车内的时间，可以增加线路两端乘客的吸引量。市民出行对交通工具的选择，快捷省时条件排在第一位。如芝加哥市滨湖线的不同站间距比较，结果是大站距（1.6km）比小站距（0.8km）多吸引客流量3%。

（4）车站分布比选

由于车站造价高，车站数量对整个轨道交通的工程造价影响较大，在进行线路规划时，一般要做2~3个车站数量与分布方案的比选，比选时要分析乘客使用条件、运营条件、周围环境以及工程难度和造价等几个方面，通过全面、综合的评价，确定推荐方案。

（5）车站站位选择原则

方便乘客使用。

与城市道路网及公共交通网密切结合。

与旧城房屋改造和新区土地开发结合。

方便施工，减少拆迁，降低造价。

兼顾各车站间距离的均匀性。

（二）线路平、纵断面设计

线路平纵断面设计是在线路规划方案的基础上确定线路在城市空间中的详细位置，它一般分可行性研究、初步设计和施工设计等几个阶段。

1. 线路设计的技术资料

（1）城市规划类：城市总体规划、分区规划、城市轨道交通系统路网规划、客流预测、大型交通枢纽点规划、道路规划红线、规划管线、规划人防设施等。

（2）现状资料：现状地形图、工程地质及水文地质资料、水文气象资料、文物保护及建筑物资料、主要构筑物及基础资料、市政及人防设施资料等。

（3）工程前期研究资料：（预）可行性报告及批件，各级政府对工程的会议纪要、批示，规划部门的规划意见等。

（4）其他相关资料：车辆配备及车辆技术参数资料、既有线运营技术经济指标及客流统计资料、既有线主要技术标准等。

2.主要设计原则

线路路径应以城市轨道交通路网规划为依据，调整要有充分理由。

新线长度一般不宜小于10km，以保证运营效益。

线路敷设形式：在市中心区，宜采用地下线；在市中心区外围，且街道宽阔，宜首选地面和高架线。

轨道线路与其他线路相交，应采用立体交叉方式。

地下线平面位置和埋设深度应根据地面建筑物、地下管线和其他地下构筑物现状与规划、工程与水文地质条件、结构类型和施工方法以及运营要求等因素，经技术经济综合比较确定。

车站应布设在主要客流集散点和各种交通枢纽点上，尤其是轨道交通线网规划的换乘点。

经过市郊铁路车站时，应设站换乘；有条件时宜预留接轨联运条件。

3.线路平面设计

在确定线路路由的情况下，对线路的平面位置、车站的站位以及全线的辅助线进行详细的分析和计算，以最终确定线路的准确位置。

（1）线路的平面位置

①地下线，有三种位置；

A位：位于道路中心，对周围建筑物干扰较小，施工相对容易，是较为普遍的一种线路位置，但若采用明挖法，对道路交通干扰较大。

B位：位于规划的慢车道和人行道下方，施工时能减少对城市交通的干扰和对机动车路面的破坏，但由于它靠建筑物较近，市政管线较多且线路不易顺直，需结合站位设置统一考虑。

C位：位于道路规划红线以外，是在特殊情况下采用的一种线路位置，如线路上方建筑物较多，施工时需采用特殊的处理方法或带来较大的拆迁量。

②高架线

高架线在城市中穿越时一般沿道路设置，一般应结合规划道路的横断面考虑，设于车行道分隔带上。

高架线有两种方案：

线路位于道路中心的方案对道路景观较为有利，环境干扰也相对较小，是采用较多的一种线路形式。

线路位于快慢车分隔带上，对一侧建筑物干扰小，但对另一侧干扰大，适用于道路两侧环境要求不一样的地区。

③ 地面线

通常用在沿铁路、河流或城市绿地带的线路上。

城市道路上设地面线一般有两种位置。

（2）车站位置

① 跨路口站位

这种站位便于各个方向的乘客进入车站，减少了路口人流与车流的交叉干扰，而且与地面公交线路有良好衔接。在有条件时应优先选用。

② 偏路口站位

这种站位在偏路口一侧设置，施工时可减少对城市地面交通以及对地下管线的影响，高架时，较容易与城市景观相协调。不过，其缺点是路口客流较大时，容易使车站两端客流不均衡，影响车站的使用功能。一般在高架线或路口施工难度较大时采用。

③ 位于道路红线以外站位

典型的有：设于火车站站前广场或站房下，以利客流换乘；与城市其他建筑同步实施，和新开发建筑物相结合；结合城市交通规划，建设城市综合交通枢纽等。

（3）辅助线类型及其设计

① 折返线和临时折返线

地铁规范规定："线路的每个终点站和区段运行的折返站，应设置折返线或渡线，它的折返能力应与该区段的通过能力相匹配。当两折返站相距过长时，宜在沿线每隔3至5个车站的站端加设渡线或车辆停放线。"

站前折返方式：指列车经由站前渡线折返。

优点：站前折返时，列车空走少，折返时间较短，乘客能同时上下车，可缩短停站时间，减少费用。

缺点：这种方式存在一定的进路交叉，对行车安全有一定威胁，客流量大时，可能会引起站台客流秩序的混乱。

站后折返方式：站后折返由站后尽端折返线折返，可避免进路交叉。此外，列车还可采用经站后环线折返的方法。

优点：站后折返避免了前述进路交叉，安全性能好；而且，站后列车进出站速度较高，有利于提高旅行速度。一般说来，站后尽端折返线折返是最常见的方式。

站后渡线方法则可为短交路提供方便；环形线折返设备可保证最大的通过能力，但施工量大，钢轨在曲线上的磨耗也大。

缺点：列车折返时间较长。

② 存车线

与折返线结合设置。

单独设置。

③车场出入线

4.线路纵断面设计

在纵断面设计中，主要是确定洞口以及过渡段的位置和形式。

（1）确定敷设方式和过渡段

轨道交通线路由地下过渡到地上，线路纵断面设计可采用以下步骤进行：

① 在道路中间开口。即在道路中间设置过渡段，可分为双线同时出洞和单线先后出洞两种形式。

② 在道路红线以外开口。

③ 结合地形等环境条件开口。

（2）线路设计中的控制点分析

各种敷设方式分界点确定后，要对不同敷设方式地段进行控制高程点分析。控制点包括以下几种：

① 地下线结构顶板覆土厚度

当地下线位于城市道路下方时，要考虑路面铺装和管线要求，一般地，隧道结构顶板距地面为2～3米；

当地下线位于城市公园或绿地时，要考虑植被的最小厚度，一般草坪为0.2～0.5米，灌木为0.5～1.0米，乔木为1.5～2.5米；

当地下线位于经常水面下方时，要考虑隔水层厚度要求，一般为1米左右；

当地下线作为人防工程时，应考虑防空工程的最小覆土要求；

在寒冷地带应考虑保温层最小厚度要求。

② 地下管线及构筑物

在明挖车站遇地下管线时，应尽可能考虑改移，以减少覆土厚度，方便乘客出入。

地下隧道结构以明挖法通过地下管线或地下构筑物时，隧道与管道（构筑物）可不留土层，甚至两者共用结构。地下隧道以暗挖法通过地下构筑物、楼房基础时，两结构之间应保持必要的土层厚度，最小厚度应根据结构要求而定。

地质条件：当地下线路遇到不良地质条件时，主要是淤泥质黏土及流沙地层，应尽量考虑躲避，若躲避有困难时，应采取工程措施。

施工方法：地下线采用明挖法时，为减少土方开挖量，线路埋深应尽可能地浅；当采用暗挖法时，应选择较好地层，一般埋设深度较深。

排水站位置：地下线排水站一般设于线路纵断面的最低点。因此纵断面设计要考虑排水站的位置。

桥下净高：线路为高架线时，桥下净高最小值受通行的车船高度控制，应按相关铁路、道路、航运等有关规范执行。

防洪水位：地面线路基、地下线的各种地面出口部，应按100年一遇的洪水位设计。

（3）线路纵断面方案设计要点

坡段应尽可能长，以保证列车安全平稳地运行，提高乘客的舒适度；

尽量设计成节能坡道，即车站位于纵断面高处，区间位于低处，车站之间形成凹形坡，以便于列车运行时节省能源；

左右线坡道的设计应根据区间结构形式确定，当两线位于同一隧道时，左右线坡度应一致，在曲线地段，左线坡度进行调整，使曲线范围内同一法线断面上的左右线标高相同，当左右线分设单线隧道内，应使车站范围内左右线坡度及标高一致；

车站站台和道岔范围内不应设置竖曲线，竖曲线也不应与平面缓和曲线重叠；

相邻坡段坡度代数差不受限制。

（4）坡度计算及制图

坡度计算包括竖曲线要素计算和轨顶标高计算。

地铁规范规定，当两相邻坡道坡度代数差等于或大于2‰时，应采用竖曲线连接，竖曲线采用圆曲线形式，其半径根据线路技术标准选定。

竖曲线要素计算应包括竖切线长度计算和竖曲线高程改正值计算。

线路轨顶标高的计算包括百米及公里标、控制加标、车站中心、道岔中心、线路最低点以及结构变形缝等处的标高计算。

（5）纵断面图上应标注的内容：

① 基础资料部分，包括地面线及其跨越道路立交、河床底、航行水位、洪水位、铁路、高压线等标高；地下管线及建筑物基础标高、规划的道路、铁路、地下管道标高；地质纵断面及地下水位等。

② 轨顶设计线以及相应的结构示意线。

③ 地面高程及设计线路变坡点、站中心高程的数据。

④ 各坡段的坡度、坡长。

⑤ 竖曲线要素及改正值。

⑥ 平曲线示意及要素。

⑦ 公里标、百米标及重要点里程等。

六、轨道交通车站设计

（一）车站总体设计

车站是轨道交通系统最重要的现代建筑类型，它们除了提供旅客上下车以外，还具有一系列功能：购物、聚会及作为城市景观。

1.车站设计的原则与目标

（1）车站选址要满足城市规划、城市交通规划及轨道交通路网规划的要求，并综合考虑该地区的地下管线、工程地质、水文地质条件、地面建筑物的拆迁及改造的可能性等情况合理选定。

（2）车站总体设计要注意与周围环境的协调，如与城市景观、地面建筑规划相协调。

（3）车站的规模及布局设计要满足路网远期规划的要求。

（4）车站站位应尽可能地靠近人口密集区和商业区，最大限度地方便乘客出行。

（5）车站的设计应尽可能地与物业开发相结合，使土地的使用达到最经济。

（6）车站的设计应简洁明快大方、易于识别，并应体现现代交通建筑的特点，同时还应与周围的城市景观相协调。

（7）车站设计应能满足设计远期客流集散量和运营管理的需要，应具有良好的外部环境条件，最大限度地吸引乘客。

（8）车站应在满足使用功能的前提下，尽量缩小建筑空间，使其规模、投资达到最合理。

（9）车站公共区应按客流需要设置足够宽度的、直达地面的人行通道，出入口的布置应积极配合城市道路、周围建筑、公交的规划等因素综合考虑，通道和出入口不应有影响乘客紧急疏散的障碍物。车站设计要尽量兼顾过街人行通道的要求。

（10）贯彻以人为本的思想，车站需解决好通风、照明、卫生等问题，以提供给乘客安全、快捷和舒适的乘降环境。在经济条件许可下，也应尽量从以人为本的出发点来考虑设计标准。

（11）车站考虑防灾设计，确保车站的安全性。

（12）车站设计要考虑其经济性。

2. 车站的分类与组成

（1）车站分类

按车站与地面相对位置分为地下车站、地面车站和高架车站；

按车站的运营性质可分为终点站、一般中间站、中间折返站和换乘站等；

按车站结构形式和施工方法分为明挖站、暗挖站等；

按车站站台形式分为岛式车站、侧式车站、一岛一侧、一岛两侧等车站形式。

按车站服务的对象及功能可以分为城市标志（landmark）站（作为城市的象征或著名建筑物）、与干线或机场等交通连接的换乘枢纽站（完成与机场或其他交通方式的接续运输过程）、市郊地区车站、农村地区车站等。

（2）车站的组成

大型轨道交通系统的车站一般由四部分组成：

① 车站大厅及广场，是乘客、游客和商人聚集的地方；

② 售票大厅，为乘客出售列车客票；

③ 站台，直接供乘客乘降车使用；

④ 旅客不能到达的地方，如车站办公室、仓库、维修设施及铁路股道等。

一般由车站主体、出入口及通道、通风道及风亭（地下）和其他附属建筑物组成。

车站主体是列车的停车点，它不仅要供乘客上下车、集散、候车，一般也是办理运营业务和运营设备设置的地方。

车站主体根据功能可分为两大部分：

1）乘客使用空间：又可分为非付费区和付费区。

非付费区的最小面积一般可以参照能容纳高峰小时 5min 内聚集的客流量的水平来推算。

对于一般的城市车站来说，通常非付费区的面积应略大于付费区。

2）车站用房：包括运营管理用房、设备用房和辅助用房。

运营管理用房：包括站长室、行车值班室、业务室、广播室、会议室和公安保卫室等。

设备用房：包括通风与空调房、变电所、控制室等。

辅助用房：包括卫生间、茶水间等。

车站用房应根据运营管理需要设置，在不同车站只配置必要房间，尽可能减少用房面积，以降低车站投资。

（3）车站的规模

在进行车站总体布局以前，要确定车站的规模。车站规模直接决定着车站的外形尺寸及整个车站的建筑面积等。轨道交通车站的规模主要是根据车站设计客流量（容量）确定的。一般可以参照日均乘降客流量和高峰小时客流乘降量来综合确定。

地铁车站规模主要根据车站远期预测客流以及所处位置确定，一般可分三级：

A 级：适用于客流量大、地处大型客流集散点以及地理位置十分重要的车站；

B 级：适用于客流量较大、地处市中心或较大居住区的车站；

C 级：适用于客流量较小、地处郊区的各站。

（4）车站的风格

车站是空间、光和结构三者协调的一门艺术。车站由物质实体（如墙、门窗、柱、梁板和屋顶等）及其所包围的空间组成。空间是建筑的目的，实体是建筑的手段。

① 古典风格

一般使用木材、石料、砖等传统建筑材料，其特点是内外墙面、柱及屋顶等各部分都有复杂的装饰、彩画、雕刻。

古典风格可以创造一种富丽堂皇的宫廷建筑形式，适合在穿越具有历史保护价值的古建筑群内或附近建设的车站，显示车站建筑对历史的尊重。

② 现代风格

与古典风格对应，它一般采用钢、混凝土、玻璃、有机材料等建筑材料，其特点是墙面、柱、顶等部分的装饰简洁明快。现代风格忽视传统，追求技术运用的效果，如玻璃的透彻、混凝土的可塑性、钢的清秀，强调材料的质感、色彩、纹理，时代感强，适合现代快节奏社会中人们的审美情趣，且可采用现代技术施工，速度快，经济性好，是多数车站采用的风格。

③ 民族风格

由于每个民族都有不同的文化特点和审美情趣，建筑领域内民族风格特色往往体现在形象方面。例如，汉族的建筑色彩较为热烈，西洋建筑则较注重本色；中国民族建筑以木质居多，形象轻盈剔透，西洋建筑以石料为多，常显得比较厚重；中国建筑多来自神话与传说，西洋建筑更多体现宗教等等。

④ 地方风格

主要考虑地理因素的变化。我国内陆地区多为少雨干旱地区，北方地区又有较多的风沙，这些导致建筑风格的变化。就我国而言，寒冷地区的建筑要厚重一些、封闭一些；热带地区的建筑要轻巧、通透些，西北干旱地区可设计平顶建筑，而多雨地区则一般设计陡急的坡屋顶。

⑤ 个人风格

在建筑设计活动中，设计者或称建筑师发挥着重要作用。实际上，建筑师本人就具有特定民族、地域、时代和文化背景，其作品不仅反映这些民族、时代的特点，还要反映由其本人的特定经历所决定的个性，这种个性就是建筑师的个人风格。

无论什么风格的车站建筑，均需符合形式美的规律，这种形式美就是多样统一。这种多样统一包括以下内涵：

主从与重点；

均衡与稳定；

对比与和谐；

韵律与节奏；

比例与尺度。

要注意车站设计的整体性。

3. 地下车站总平面布局

包括车站中心的位置（站位）、车站外轮廓的范围以及出入口风亭的确定等，它是车站设计的关键环节。

（1）车站平面布置原则

① 站厅层布置应分区明确，依据出入口的位置和数量、楼梯与扶梯的位置和数量、售检票系统的位置和数量以及换乘要求对客流进行合理的组织，避免和减少进出站客流的交叉，合理布置管理设备用房，应满足各系统的工艺要求。

② 站台层布置需以车站上下行远期超高峰小时客流量来计算站台宽度，根据线路走向及换乘要求确定站台形式，根据车站需要布置设备或管理用房区。

③ 车站出入口应设置于道路两边红线以外或城市广场周边，需具有标志性或可识别性，以利于吸引客流、方便乘客。有条件的出入口考虑地面人行过街的功能。出入口规模应满足远期预测客流量的通过能力，并考虑与其他交通的换乘和接驳大型公共建筑所引起的客流量。

④ 车站主要服务设施应包括自动扶梯、电梯、售票机、检票机、空调通风设施等。

（2）车站总平面布局设计的步骤

① 分析影响因素，确定边界条件

影响车站站位和总平面布局的因素：

周围环境：现状道路及交通条件、公交及其他交通方式站点设置、文物古迹、自然条件等。建筑物拆迁和管线改移条件。

施工方法：结合地质条件考虑。

客流来源及方向：根据主要客流来源和方向，考虑站位和出入口通道设置。

综合开发的条件：使车站与其他建筑物结合。

② 根据功能要求构思总体方案

以换乘为主要功能的车站。主要考虑乘客的换乘条件，以尽可能减少换乘距离为主要因素进行设计，并留有足够的换乘能力。

接驳大型客流集散点的车站。要考虑突发性客流特点，留有足够的乘客集散空间，并创造快捷的进出站条件。

有列车折返运行需要的车站。以列车在车站的运营能力为主，考虑车站配线设置以及由此带来的车站站位及平面布局的变化。

有与建筑物开发结合要求的车站。应考虑结构的统一性，并分清各种客流的流向，要使进出站客流有独立的通道，并尽量减少与其他客流的交叉干扰。

有其他特殊功能需要的车站。包括远期需进一步延伸的起点站、与其他交通系统的联运站等。

③ 确定出入口、风亭数量和位置

《地铁设计规范》规定："车站出入口的数量，应根据客流需要与疏散要求设置，浅埋车站不宜少于 4 个出入口。当分期修建时，初期不得少于 2 个。小站的出入口数量可酌减，但不得少于 2 个。"

风亭的数量和采取的通风与空调方式有关，一般由环控专业确定。

④ 绘制车站总平面布置图

根据设计阶段，图纸内容深度不同，它一般在 1/500 地形图上进行，主要包含以下内容：

站中心的详细位置，包括线路里程、坐标等；

车站主体的外轮廓尺寸，包括端点的线路里程、关键点的位置坐标等；

出入口、风亭通道的位置、长度、宽度；

出入口、风亭的详细位置、尺寸、坐标等；

车站线路及区间的连接关系；

车站周围地面建（构）筑物情况、地形条件等；

与车站有关的设施情况等。

4.地下车站形式及其设计

（1）车站设计的主要标准

① 站台的长度及宽度

站台长度 L 为远期列车编组长度加上允许的停车不准确距离。

$L = l \cdot n + 4 (\text{m})$

对于远期列车编组在 6～8 辆的轨道交通系统，站台长度一般在 130～180 米。

站台宽度：

我国目前现行的规范和标准对站台宽度尚无统一计算方法。

② 车站大厅设置

站厅的面积主要由远期车站预测的客流量大小和车站的重要程度决定，目前还没有固定的计算方法，一般根据经验和类比分析确定。

③ 检售票设置

售票可分为人工售票、半人工售票及自动售票三种。人工售票与半人工售票亭的尺度相同，半人工售票的方式为人工收费找零、机器出票，售票机将作为主要售票设备。

人工售票亭、自动售票机数量计算公式如下：

$N_1 = M_1 K / m_1$

式中：M_1——使用售票机的人数或上下行上车的客流总量（按高峰小时计）；

K——超高峰系数，选用 1.2～1.4；

m_1——人工售票每小时售票能力，取 1200 人/小时；自动售票机每小时售票能力取 600 人/小时/台。

进出站检票口的数量必须根据高峰小时客流量来计算。

检票口计算公式：

$N_2 = M_2 K / m_2$

式中：M_2——高峰小时进站客流量（上下行）或出站客流量总量；

K——超高峰小时系数，选用 1.2～1.4；

m_2——检票机每台每小时检票能力，取 1200 人/小时/台。

④ 楼梯及通道尺寸设置

自动梯和楼梯台数及宽度的计算，以出站客流乘自动梯向上到达站厅层考虑。

自动梯台数的计算：

NK/n_1n

式中：N——预测下客量（上下行）（人/小时）；

K——超高峰系数，取 1.2 ~ 1.4；

n_1——每小时输送能力 8100 人/小时（自动梯性能为梯宽 1m，梯速为 0.5m/s，倾角为 30 度）；

n——楼梯的利用率，选用 0.8。

楼梯和通道的尺寸一般要在满足防灾要求基础上，根据客流量计算确定，它可采用如下公式计算：

$B=Q/N+M$

式中：B——楼梯或通道宽度（米）；

Q——远期每小时通过人数；

N——楼梯和通道的通过能力（人/小时）；

M——楼梯或通道附属物宽度。

⑤ 站台高度

站台按高度可分为低站台和高站台。

站台与车厢地板高度相同称为高站台，一般适用于流量较大、车站停车时间较短的场合。高站台对残疾人、老年人上下车也很有利。考虑到车辆满载时弹簧的挠度，高站台的设计高度一般低于车厢地板面 50 ~ 100mm。

⑥ 轨道中心与站台边缘距离

根据车辆类型确定的建筑限界给定了从轨道中心到站台边缘的距离，实际设计时还要考虑 10mm 左右的施工误差。若轻轨车体宽度为 2.6m，则轨道中心线至站台边缘的距离可选定为 1.4m。

⑦ 车站照明设施配置

整体照明是轨道交通车站照明的主要形式，它要考虑布置方式及照明灯具的形式，一般以长条形日光灯为主，具有较好的显色系数。也可组合其他形式的荧光灯和一些筒灯布置，灯具尽量以直接照明的方式布置，这样有利于提高光照效率和便于维修更换灯具。灯具的布置形式要和顶面用材形式有机结合，这样才能取得较好的光照艺术效果。

⑧ 无障碍设计

一种是车站位于道路地面以下，出入口位于道路的两侧，残疾人乘坐的轮椅可挂在楼梯旁设置的轮椅升降台下至站厅层，然后再经设置于站厅的垂直升降梯下达到站台，另外也可以直接自地面设置垂直升降梯，经残疾人专用通道到达站厅，然后再经设置于站厅的垂直升降梯下达到站台。盲人设置有盲道，自电梯门口铺设盲道通至车厢门口。

另一种形式是车站建于街坊内的地下，车站的垂直升降梯可直接升至地面，因此，在地面直接设有残疾人出入口，以方便残疾人使用。

⑨ 设备用房和管理用房

车站用房面积受组织管理体制、设备的技术水平等制约，变化较大。它一般根据工程的具体特点和要求，由各专业根据本专业的技术标准和设备选型情况，结合本站功能需要进行确定。

⑩ 风亭、风道及其他附建物

风亭、风道的面积取决于当地气候条件、环控通风方式和车站客流量等因素，由环控专业计算确定。

⑪ 车站防灾设计

A. 车站紧急疏散

车站内所有人行楼梯、自动扶梯和出入口宽度总和应分别能满足远期高峰小时设计和客流量在紧急情况下，6 min 内将一列车满载乘客和站台上候车乘客（上车设计客流）及工作人员疏散到安全地区。此时车站内所有自动扶梯、楼梯均作上行，其通过能力按正常情况下的 90% 计算。

垂直电梯不计入疏散能力内。车站设备用房区内的步行楼梯在紧急情况下也应作为乘客紧急疏散通道，并纳入紧急疏散能力的验算。车站通道、出入口处及附近区域，不得设置和堆放任何有碍客流疏散的设备及物品，以保证疏散的畅通性。

B. 车站消防

车站内划分防火分区，中间公共区（售检票区或站台）为一个防火分区，设备用房区各为一个防火分区。有物业开发区的车站，物业开发区为独立的防火分区。每个防火分区内设两个独立的、可直达地面的疏散通道。所有的装修材料均按一级防火要求控制。

C. 车站防洪（涝）

车站防洪（涝）设计按有关设防要求执行。地面站应考虑防洪要求。

⑫ 车站装修

车站装修根据交通性建筑的特点，即以速度、秩序、安全、通畅、易识别性等为前提，力求简洁明快，体现交通建筑的特色。装修设计既要考虑全线车站的统一性，还要有各自的个性。所选择的装修设计手法、材料、机理、色彩力求与地面环境、车站规模以及站内环境相协调，同时改善地下封闭空间的沉闷和压抑感。

所运用的装修材料具有不燃、无毒、经济耐久及便于清洗的性能，在公共区人流集中或接触到的地方，同时具有足够的强度和抗冲击性。地面及楼梯装饰材料采用防滑、耐磨材料。

按需要在设备与管理用房及公共部分考虑采用具有吸音，防潮性能的装修材料。

（2）典型车站形式

① 地下岛式（侧式）双层（局部双层）车站

这是国内最常用的一种车站形式。一般采用明挖法施工，必要时也可采用暗挖施工，它埋置深度一般不超过 20 米。

岛式车站空间利用率高，可以有效利用站台面积调剂客流，方便乘客使用，站厅及出入口也可灵活安排，与建筑物结合或满足不同乘客的需要。缺点是，车站规模一般较大，不易压缩。

侧式车站不如岛式车站站台利用率高，对乘客换方向乘车也造成不便，但由于站台设置在线路两侧，售检票区可以灵活地设置，车站两侧也可结合空间开发统一利用，设置单层车站的条件也优于岛式车站。

② 地下双洞（或三洞）岛式车站

这种车站一般采用暗挖法施工，根据地质条件确定车站的埋深，站厅一般根据周围环境条件，采用明挖法或结合地面建筑采用其他方法。这种车站一般在地质条件较好、地面不具备敞口明挖的地段采用，其优点是施工时可减少对地面环境的干扰，乘客使用也比较方便，缺点是施工难度相对较大。

5. 地下车站结构形式

（1）明挖法（盖挖法）施工的车站结构

明挖车站一般采用矩形框架结构，根据功能要求，可以设计成单层、双层、多层或单跨、双跨、多跨等形式。

明挖法施工的车站，施工方法简单、技术成熟、工期短、造价低、便于使用，但施工时对周围环境影响较大，适用于环境要求不太高的地段。

（2）盖挖法施工的车站结构

盖挖法施工的车站结构，从结构形式上看，与明挖法并无大的不同，它是通过打桩或连续墙支护侧壁，加顶盖恢复交通后在顶盖下开挖，灌注混凝土进行施工。

与明挖法比较，其特点是：在地面交通繁忙地区可以很快地恢复路面，尽可能小地影响交通，但其施工难度要大于明挖法。

（3）矿山法施工的车站结构

采用这种施工方法的车站一般位于岩石地层，在松软地层中，施工难度和土建造价要高于明挖法车站。

（4）盾构法施工的车站结构

传统的盾构车站可采用单圆盾构、单圆盾构与半盾构结合或单圆盾构与矿山法结合修建。近年来开发的"多圆盾构"等新型盾构，进一步丰富了盾构车站的形式。

盾构车站的结构形式可大致分为下面几种。

A. 两圆形隧道组成的车站

与其他盾构车站相比，施工简单、工期短、造价低、适用于道路较窄、客流量较小的车站。

B. 三拱塔柱式车站

车站由并列的三个圆形隧道组成，两侧为行车隧道，其内设置站台，中间为集散厅，用横向通道将三个隧道连成一体。与两圆形隧道组成的车站一样，一般在车站两端或车站中部，两隧道之间设斜隧道以供乘客进出站台。

C. 立柱式车站

传统立柱型车站为三跨结构，先用单圆盾构开挖两旁隧道，然后施工站厅部分，将它们联成一体，乘客从车站两端的斜隧道进入站台。

6. 高架车站

高架车站主要是根据所在位置和设置的站房确定车站形式，它一般采用侧式站台形式，尽可能减少车站宽度，降低车站造价。

7. 地面车站

地面车站的设计重点考虑乘客及行人穿越道路时的干扰以及安全问题。

地面车站一般分单层、双层或结合周围环境进行开发的多层车站，其形式主要根据功能要求和环境特点确定。

地面车站主要解决好乘客进出站流线，尽可能简捷，缩小站房面积，降低车站造价。

（二）换乘车站设计

1. 换乘站设计原则

（1）尽量缩短换乘距离，换乘路线要明确、简捷，尽量方便乘客；

（2）尽量减少换乘高差，降低换乘难度；

（3）换乘客流宜与进、出站客流分开，避免相互交叉干扰；

（4）换乘设施的设置应满足乘客换乘客流量的需要，且需留有扩、改建余地；

（5）应周密考虑换乘方式和换乘形式，合理确定换乘通道及预留口位置；

（6）换乘通道长度不宜超过 100 米，超过 100 米的换乘通道，宜设置自动步行道；

（7）应尽可能降低造价。

2. 换乘方式设计

根据乘客换乘的客流组织方式，可将车站换乘方式分为站台直接换乘、站厅换乘、通道换乘、站外换乘和组合换乘。

（1）站台直接换乘

站台直接换乘有两种方式：

① 两条不同线路的站线分设在同一个站台的两侧，乘客可在同一站台由甲线换乘

到乙线，即同站台换乘。这种换乘方式对乘客十分方便，是应该积极寻求的一种换乘方式。

②乘客由一个车站的站台通过楼梯或自动扶梯直接换乘到另一个车站的站台，这种换乘方式要求换乘楼梯或自动扶梯应有足够的宽度，以免造成乘客堆积拥挤，发生安全事故。

站台直接换乘一般适用于两条线路平行交织，而且采用岛式站台的车站形式，乘客换乘时，由岛式站台的一侧下车，横过站台到另一侧上车，即完成了转线换乘，换乘极为方便。

同站台换乘的基本布局是双岛站台的结构形式，可以在同一平面上布置，也可以双层布置。但是，一个换乘站只能实现 4 个换乘方向（两条线交叉产生 8 个换乘方向）的同站台换乘条件，其余一半将使用其他换乘方式，或在另一换乘点去弥补。

采用同站台换乘方式要求两条线要有足够长的重合段，近期需要把预留线车站及区间交叉预留处理好，工程量大、线路交叉复杂、施工难度大，所以尽量在两条线建设期相近或同步建成的换乘点上采用。

站台直接换乘的换乘线路最短，没有换乘高度的损失，乘客换乘非常方便，如工程条件许可，应积极采用。

（2）站厅换乘

站厅换乘是指乘客由一个车站的站台通过楼梯或自动扶梯到达另一个车站的站厅或两站共用的站厅，再由这一站厅通到另一个车站的站台的换乘方式。

由于下车客流只朝一个方向流动，减少站台上人流交织，乘客行进速度快，在站台上的滞留时间减少，所以可避免站台拥挤，同时又可减少楼梯等升降设备的总数量，增加站台的有效使用面积，有利于控制站台宽度规模。

站厅换乘有利于各条线路分期修建、分期建成。

一般用于相交车站的换乘，其换乘距离比站台直接换乘长，乘客在垂直方向上要往返行走，带来一定的高度损失。

因受岛式站台总宽度限制，一般适用于侧式站台间换乘，或与其他换乘方式组合应用，可以达到较佳效果。

（3）通道换乘

当两线交叉处的车站结构完全分开，车站站台相距有些距离或受地形条件限制不能直接设计通过站厅进行换乘时，可以考虑在两个车站之间设置单独的换乘通道来为乘客提供换乘途径。

通道换乘设计要注意上下楼的客流组织，更应避免双方向换乘客流与进出站客流的交叉紊乱。

通道换乘方式布置较为灵活，对两线交角及车站位置有较大适应性，预留工程少，甚至可以不预留。最有利于两条线工程分期实施，后期线路位置调节的灵活性大。

通道宽度按换乘客流量的需要设计。换乘条件取决于通道长度，一般不宜超过100米。

通道尽可能设在车站中部，避免和出入站乘客交叉。

（4）站外换乘

乘客在车站付费区以外进行换乘，没有专用换乘设施。

主要用于下列情况：

① 高架线与地下线之间的换乘，因条件所迫，不能采用付费区内换乘的方式；

② 两线交叉处无车站或两车站相距较远；

③ 规划不周，已建线未做换乘预留，增建换乘设施十分困难。

站外换乘方式，在线网规划中应注意尽量避免。

（5）组合式换乘

在换乘方式的实际应用中，往往采用两种或几种换乘方式组合，以达到完善换乘条件、方便乘客使用、降低工程造价的目的。

3.换乘站形式设计

（1）换乘站形式

根据换乘车站平面位置，可将换乘车站形式分为以下几种：

① 一字形换乘

两个车站上下重叠设置构成"一"字形组合的换乘车站，一般采取站台直接换乘或站厅换乘。

② L形换乘——积水潭

两个车站平面位置在端部相连构成"L"型，高差要满足线路立交的需要。这种车站一般在相交处设站厅进行换乘，也可根据客流情况，设通道进行换乘。

③ T形换乘——复兴门

两个车站上下相交，其中一个车站的端部与另一个车站的中部相连，在平面上构成"T"型，一般可采用站台或站厅换乘。

④ 十字形换乘——西直门

两个车站在中部相立交，在平面上构成"十"字形，这种车站一般采用站台直接换乘或站厅加通道换乘。

⑤ 工字形换乘

两个车站在同一水平面设置。以换乘通道和车站构成"工"字形，这种车站一般采用站厅换乘或站台到站台的通道换乘。

（2）换乘站设计

①依据线路位置和客流方向，确定换乘关系

两条线之间的换乘关系一般取决于两条线路的走向和站位条件，在两条交叉的线路上一般采用"十"字形换乘、"T"型换乘或"L"型换乘。在两条平行的线路上，可选择"一"字形换乘或"工"字形换乘。

换乘站周围的客流来源和方向是在考虑换乘站关系时要重点考虑的因素，一般来说，"T"型、"L"型、"工"字形照顾的客流面比较大，可以使车站的客流吸引范围增大，但其客流换乘不如"十"字形和"一"字形。"十"字形和"一"字形换乘站可以提供很好的换乘条件，在换乘客流为主的车站应尽可能采用。

② 根据车站形式，设计客流流线

根据车站站台形式确定的换乘方式可分为："岛岛换乘""岛侧换乘"和"侧侧换乘"。

"岛岛换乘"：指两个岛式站台车站之间的换乘。由于在这种方式中两车站之间直接换乘的节点只有一个，换乘能力受到局限，所以一般需要辅以通道换乘来解决客流换乘问题。

"岛侧换乘"：指岛式站台车站与侧式站台车站之间的换乘。由于其比"岛岛换乘"增加了一个换乘节点，在一些换乘客流量比较小的车站可以设计为站台到站台直接换乘的方式。

"侧侧换乘"：指两个侧式站台车站之间的换乘，其换乘节点可增加到 4 个，为换乘客流创造了更方便的条件，可以根据站位和环境情况自如地处理客流的换乘。

换乘客流流线应与进出站客流分开，尽可能便捷顺畅。

③ 根据预测客流量，计算换乘楼梯（通道）宽度

换乘客流一般属于集中的间断型客流，它是随着两条线列车的到发而形成的，因此，在一段时间内，其换乘客流量除取决于预测的小时客流量，还与两条线列车的运营间隔有关，在计算换乘楼梯（通道）宽度上，要重点考虑这一因素，为换乘客流提供足够的条件。

如换乘客流不需重新购票，一般不会形成集聚客流（即排队），但由于通道间的输送能力不同，如楼梯与通道交接处会形成客流集聚，应在此考虑一定的空间集散条件。

④ 结合车站结构和施工条件，考虑远期预留

随着施工技术水平的进步，换乘车站的预留逐步从土建全部做成过渡到只预留将来可能施工的条件，即从土建预留到条件预留。这样可大幅度降低初期工程造价，避免投资的浪费。

要做到条件预留，必须对近远期的车站方案和工程实施方案进行周密的考虑，尤其要考虑在远期实施换乘车站时，不能影响已运营车站的使用，并确保运营安全。

七、轨道交通枢纽规划

（一）轨道交通枢纽的界定与分类

当运输对象（旅客、货物）使用某种运输工具，沿特定路线运行到达枢纽站换乘时，该枢纽站能满足改用其他运输工具或使用其他路线运行。一般来说，两种以上运输方式或多条公交线路交汇的场所都可称之为枢纽站。

城市交通枢纽是指城市客、货流集散、转运的地方，可以分为城市客运枢纽和城市货运枢纽。城市客运枢纽是乘客集散、转换交通方式和线路的场所。客运交通枢纽的含义很广泛，干道交叉口，公共交通线路的端点站及有多条线路、不同交通方式的换乘地点，都可称为客运交通枢纽。合理规划、设计城市客运枢纽，是改善公交系统，解决出行换乘，提高公交服务和运营效率的重要环节。

轨道交通枢纽的特征就是客流与车流的特征：方式多层次、客流多方向、流量大而发散。

轨道交通枢纽同样也可以称为综合交通枢纽或客运交通枢纽等。

轨道交通枢纽是单一交通功能建筑或集交通功能和商业开发功能于一身的建筑综合体。轨道交通枢纽的交通功能主要体现为对客流的转移和疏散，轨道交通枢纽的商业开发功能则须根据具体的项目情况而定。

在对轨道交通枢纽功能进行定位时应首先确保交通功能的实现，而轨道交通功能的实现则依赖于对其各构成要素之间关系的深入分析和研究，与此同时也要把影响其功能实现的各种因素纳入研究的范围。

构成轨道交通枢纽功能的诸多因素之中有一些是相互矛盾，甚至是相互对立的。对轨道交通枢纽进行合理的功能定位实际上就是对构成轨道交通枢纽的各要素之间关系的准确把握，是对矛盾两方面的协调。

轨道交通枢纽由于其自身交通功能的完善和发展势必带来周边区域交通状况的改善，便捷的交通与大量的客流使轨道交通枢纽及其周边区域具有巨大的商业价值，往往随着轨道交通枢纽的设置在其周边区域内必然形成高密度的商业区、办公区等。

作为轨道交通枢纽功能的两个方面，其交通功能和开发功能同样也是相互制约的。一个轨道交通枢纽的规模和形式限定了它所能承受的交通量。开发力度的加大必然影响到交通功能的发挥。两种功能之间是一种动态平衡的关系，但一个轨道交通枢纽往往达不到理想的平衡状态。

在设计轨道交通枢纽的时候，一定要将它同周边区域的城市规划、交通规划联系在一起，以一种发展的眼光去看待轨道交通枢纽。作为一个运转良好、功能完备的轨道交通枢纽其自身必然具备强大的适应能力和协调能力，这也是衡量一个轨道交通枢纽成败得失的关键。

轨道交通枢纽的主要功能就是对枢纽点的到、发客流，按不同的目的和方向，实现"换乘、停车、集散、引导"四项基本功能，核心的功能在于换乘。

（1）换乘——对于来自不同方向、路线、不同交通方式的乘客，需要转乘其他交通方式而发生的行为称为换乘。因为这些乘客属于中转客流，需要经过换乘才能到达最终目的地。

（2）停车——对于来自不同方向、路线、的车辆，提供固定的停车位置和上下客位置，并以不同性质的车辆分区停放，配置合理的道路和场地。

（3）集散——对于到达或出发的乘客和车辆，实现聚集会合和疏散分流，提供客流和车流组织的相关措施，保证畅通、安全。

（4）引导——对外来客车引导、截流、集中管理，尽量不进市区；引导市内公交车辆与其接驳换乘，向多层次、一体化发展，吸引个体交通向公共交通转移，并提供方便。在总体上改善市内车辆的运营环境，提高居民出行质量。

（二）轨道交通枢纽的特点分析

轨道交通枢纽一般由轨道交通、常规公交、换乘通道、站厅、停车场、服务设施六个子系统组成，各子系统作为轨道交通枢纽的有机组成部分，相互区别、相互联系、相互作用，为实现出行者换乘舒适、安全和换乘时间最短这一总体目标而服务。

轨道交通和常规公交是城市公共交通体系中最主要的交通方式。枢纽内换乘通道如同一座桥梁将不同交通方式连接起来，出行者可以利用换乘通道，从一线转入另一线，或从一种交通方式转向另一种交通方式，完成出行过程。站厅的合理布设是减少换乘时间的关键之一。

静态交通设施是吸引出行者由私人交通方式向公共交通方式转移，实现公交优先战略的重要手段：服务设施可以提高枢纽的开发强度，实现土地的综合利用，同时又可以使出行者在候车时间完成购物和商务等活动，从而减少单纯候车时间和出行次数。六个子系统相互制约相互协调，充分发挥各自的功能和优势，促使系统达到整体功能的优化。

（三）轨道交通枢纽规划的要素、原则及理念

1.规划要素

做好轨道交通枢纽的规划，必须把握其人、车、路、场四项规划要素。

（1）人——是客流生成的基本要素，规划宗旨应"以人为本"，为乘客提供方便、捷达、高质量、高水平的服务。

（2）车——是车流生成的基本要素，包括各种车辆的载客能力、速度、舒适度等标准。

（3）路——是客流和车流组织的基本要素，包括其流动的路径，道路的通过能力等技术条件。

（4）场——是枢纽的场地和选址，是规模和环境的控制要素，包括建筑、景观和环境影响。

2. 规划原则

（1）网络化的原则

任何一座富有效率的轨道交通枢纽建筑都不是独立存在的，它的正常运转依靠周边的城市交通网络的支持。二者之间是相互制约的互动关系，这就要求在设计一座轨道交通枢纽的时候，应该对该区域的交通状况及发展有一个全面、系统的认识。在此基础之上才可能对轨道交通枢纽进行合理的功能定位。

否则，一切设计都将是不切实际的纸上谈兵，在轨道交通枢纽和城市道路的接口处往往会出现"瓶颈现象"，而某一点的矛盾将殃及整个轨道交通枢纽正常功能的发挥。由此可以看出，单独去搞好某一个建筑的单体设计其生命力是十分有限的。只有建立起一个系统的交通网络的概念才是搞好轨道交通枢纽设计的前提和基础。

（2）城市化的原则

轨道交通枢纽是解决城市交通问题的建筑，但在其发挥交通运输功能的同时，往往对城市的整体结构和城市空间的完整性及连续性产生一定的负面影响。在城市中尤其是人口密度较高的大都市中，必须在轨道交通枢纽（所有类似的交通建筑）的设计中引入城市设计的观念。

不能让城市活动终止于建筑之外，而应该渗透于建筑之中。使轨道交通枢纽成为城市的一个有机的组成部分。要达到这样的目标，一个十分有效的办法就是充分利用地下空间。这样一方面减少了对城市用地的侵占，另一方面也保证了城市空间的连续和完整。这一点同样体现在一些西方发达国家城市建设的经验中。

（3）发展的原则

在信息交流高度发达的今天，再以一种静止的观点去看待建筑在城市空间中的作用，那只能是不切实际和缺乏说服力的。任何建筑都会随着实际需求的变化而变化自身的功能定位，轨道交通枢纽建筑尤其如此。

"交通"本身就是一个动态的概念，它是随着社会的发展而变化的。作为城市交通体系中一个有机的组成部分，一座轨道交通枢纽必须具备对这种变化的适应能力。同时，随着商业文化的冲击，轨道交通枢纽建筑也不可能是单纯的交通建筑，它必然是适应市场需求的集诸多城市内容于一身的综合体。

（4）环保的原则

这是一条所有建筑都应该遵循的原则，但对于轨道交通枢纽建筑来说尤为重要。因为在轨道交通枢纽之中容纳的不光是人，还有公交车、出租车、地铁等交通工具。

这些交通工具所产生的噪音、震动、废气等对城市环境和建筑的空间质量有严重的负面影响，这些都是设计中需要重点解决的问题。

同时，轨道交通枢纽作为一种对城市发展有着重要影响的建筑形式，其环保的意义远不局限于一座建筑的范畴。只有建立起一套环保的交通体系才可能产生环保的轨道交通枢纽建筑。环保为人们带来的绝不仅仅是舒适的环境和完善的功能，它直接影响着人们对城市交通的认同和理解。

（5）人性化的原则

建筑的发展从始至终都贯穿着对人性的理解与思考。以上这些设计原则归根结底体现了"以人为本"的设计理念。因此人性化的设计原则是轨道交通枢纽设计的根本原则。

轨道交通枢纽是人使用的建筑，而非交通工具的建筑，建筑的空间也必须是人性化的空间。要把"以人为本"的设计理念落实于实践之中，就需要切实地分析和掌握人在轨道交通枢纽中的活动规律。并把它体现于轨道交通枢纽设计的各环节之中。

3. 以轨道交通线网构筑枢纽规划的基本思想

（1）遵循总体规划，把握轨道交通线网的枢纽骨架，做好总体布局。

（2）强化管理概念，建立"动态＋静态＋管理"的综合规划思维，控制合理规模。

（3）重点做好换乘的结构和功能规划，发挥枢纽的最佳效益。

轨道交通枢纽的规划功能复杂，在规划中必须把握其换乘结构的核心问题——"层次清、路径顺和距离近"三项要领。

① 层次清——枢纽内各种交通系统按车辆制式和客流性质分区归类，如火车站、轨道交通、市内公交、长途汽车、出租车等的停车位应进行分区管理，并且人车分流，进出分流，使换乘结构层次清楚、流线分明。尤其是轨道交通车站与其他交通的换乘区域要立体化分层、干扰少、安全性好。

② 路径顺——每两种交通方式之间换乘的路线要顺捷、方向清楚、通视性好、视觉亲近。换乘通道的宽度应满足通行能力，并有导向标志，容易搜索目标；不同高程之间的换乘，应注意通道顺接合理，避免高程反复起落，必要时需设自动扶梯。

③ 距离近——换乘的步行距离近，高差小，这是换乘中最直观的评价。

4. 轨道交通枢纽规划中的基本问题

（1）对专项交通规划的认识。

（2）枢纽规模确定问题。

（3）内部交通组织原则问题。

（4）区域交通组织和影响分析问题。

（5）需求控制的思想。

5.轨道交通枢纽规划的技术路线

（1）背景研究。

（2）方法研究。

（3）交通需求预测。

（4）方案规划。

（5）方案评估。

（6）规划要点。

6.轨道交通枢纽建筑的规划方法

（1）建筑布局

以常规公交与轨道交通衔接方式来划分布局模式，可以分为三种。

① 放射——集中布局模式

常规公交线网主要以轨道交通车站为中心呈树枝状向外辐射，两者线路重叠区间一般不超过轨道交通车站路段，并与车站邻接地区集中开发一块用地用作枢纽换乘站场，作为各条线路终到始发和客流集散的场所。这种模式由于始发线路多，常规公交线网运输能力大，乘客换乘方便且步行距离较短，行人线路组织相对简单，所以对周围道路交通影响较小，但换乘枢纽站场用地较大。适合于换乘客客流大或辐射吸引范围大的轨道交通车站。

② 途经——分散布局模式

常规公交线网由途经线路组成，换乘公交停靠站分散设置在轨道交通车站附近的道路上。该布局模式不需要设置用地规模较大的换乘枢纽站场，但线网运输能力较小，部分乘客换乘步行距离较长，行人线路组织相对复杂，换乘客流较大时对周围道路交通有一定的影响，适合于换乘客流较小的轨道交通车站。

③ 综合布局模式

是上述两种布局模式的复合形式。线网由始发线路和途经线路共同组成，且集中布置一个换乘枢纽站和分散布置一些换乘停靠站。

（2）换乘组织

换乘是交通枢纽的核心问题。任何一座交通枢纽都不是独立存在的，它的存在依托于整个城市的交通网络系统，只有与城市的交通网络系统建立起紧密的联系，充分利用交通网络的优势去分散和疏解客流，才能保证交通枢纽自身的正常运转。因此，必须建立起一套便捷、有效的换乘体系，以便使交通枢纽内聚集的大量客流能够迅速地转移和疏散。

在有多种交通工具、功能较为复杂的交通枢纽里单靠某一种换乘形式是无法解决问题的。这就需要根据具体情况灵活地使用多种换乘形式来达成方便乘客换乘的目的。

换乘距离并不单纯是一个数字的概念，确定一座交通枢纽内不同交通工具之间的换乘距离需要对交通枢纽的各构成要素进行综合分析。从乘客角度来讲，换乘距离越短越好。但是，换乘距离的确定首先是受交通工具运行需求的制约。

其次，换乘距离过短，会造成客流在某一点上的瞬时大量堆积，反而会影响交通枢纽功能的正常运作。适当地拉长换乘距离实际上是增加了客流疏散的空间。由于人的个体差异性使集中的客流通过换乘距离的拉长形成较为分散的客流，从而在一定程度上避免了人流拥堵现象的发生。

从交通工具的运行需求和交通枢纽的运营管理角度来讲，适当拉长乘客的换乘距离有一定的好处。但是过长的换乘距离会增加乘客的疲劳感，降低换乘的便捷程度，直接影响到该种交通方式对乘客的吸引力。由此可以看出：换乘距离的确定需要在矛盾的两方面之间寻求一个平衡点。

换乘距离同换乘形式、建筑的空间形式、室内装饰等条件密切相关，不同的换乘形式、空间形式和室内装饰对乘客换乘时所产生的心理感受是不同的。单调、呆板的建筑空间容易使乘客产生疲劳感。而层次丰富、充满自然光线的空间则会削弱乘客的疲劳感。当客观条件决定换乘距离过长时可以通过建筑手段进行弥补。

（3）人流的引导方式

① 标志引导。

② 通过建筑空间的限定性对人流进行引导，如：

通过连接不同功能空间的通道引导人流。

通过楼梯、自动扶梯、电梯等垂直交通空间对人流进行引导。

通过共享空间来连接不同标高上的功能空间对客流进行引导。

③ 通过标志物（如进出站闸机、检票亭等）限定空间对人流进行引导。

④ 其他方式，如：色彩、特定的空间造型具有标志性的装饰物、灯饰、广告等。

（4）地下空间的利用

现代化城市交通枢纽一般都采用立体布局形式，尤其是地铁方式的引入和中心区土地价值的飞升，更加速了立体化进程。其中，地下空间开发利用是主要发展方向。一般来讲，由于地下空间建设工程难度很高，因此往往是在工程原则为前提下进行方案设计，这样容易造成地下建设交通功能的欠缺。

科学的地下空间开发建设方案应首先围绕以下内容进行：

① 针对站前地区特点，明确城市交通对地下空间开发建设的原则要求。

② 从交通需求研究成果入手，确定科学的地下空间开发规模。

③ 规划不同层次的地下设施简略方案，使交通设施条件相对稳定，同时明确空间使用功能，为下一步详细规划和工程设计提供具体的规划要点，并提供相对稳定的空间保证。

④ 对地下空间施工期间的交通组织进行有重点的研究。

⑤ 从交通需求角度合理规划地下空间的开发建设顺序。

对地下空间开发应从以下四个方面考虑：

① 体系

地下空间开发的功能应符合地区土地利用性质。

地下空间开发的交通功能必须与地区的综合交通有机结合，是区域交通系统的有机组成部分，因此地下空间的交通定位要符合综合交通规划的要求。

地下空间开发应避免单一功能，向多功能方向发展，同时将交通功能放在十分重要的位置，使地下空间的交通既能自成体系，又与地面交通有机结合。

地下空间开发的规模决策必须优先考虑对城市交通产生的影响，即对交通需求产生的刺激和交通设施的供给能力的提高。

② 实施

地下空间开发既要保证规划具有一定的超前性，又要研究效益和代价的平衡。

地下空间开发对交通的考虑应注重可持续发展，科学处理远景和近期的关系，规划方案要有足够的适应能力。原则上土建处理注重远景要求，设备配置注重逐步更新。

地下空间开发必须考虑实施和建设过程中的交通疏解措施，减少对城市的干扰。

根据多方面因素考虑地下建筑的施工方法，科学选择明挖、盖挖和暗挖工法。

③ 功能

将不同功能的地下空间相对集中布置，尤其是注意避免其他功能对交通功能空间的干扰。

地下空间开发必须考虑配套停车空间，停车规模既要满足开发引起的停车位的增加，同时在经济技术充分论证的基础上，尽量弥补地上空间停车能力的缺口。

地下空间开发应考虑残疾人通行需求，进行无障碍设计。

地下空间开发的交通管理组织放在十分重要的位置，用现代化的方法和设施对交通进行指挥和监控。

④ 安全与环境

地下空间开发必须考虑灾害状态下的交通疏散要求。

地下空间开发的交通空间必须注意环境处理，做到安全、卫生、舒适。

科学研究地下空间构筑物（如风亭、出入口）对城市地面环境的影响。

（5）轨道交通枢纽的商业规划

① 商业设施的设计原则。

② 商业设施的设置方式。

八、轨道交通与其他交通方式的衔接

（一）交通一体化

1. 交通一体化规划的概念与内涵

交通一体化（Integrated Transport）规划，就是通过对城市交通需求量发展的预测，为较长时期内城市的各项交通用地、交通设施、交通项目的建设与发展提供综合布局与统筹规划，并进行综合评价，交通一体化规划是城市总体规划的一部分。

一体化交通政策的重要目标就是使交通和社会能够可持续地发展。一般来说，出行数量的过快增长、轿车拥有数量的增加以及运输外部费用的发生都是不可持续的标志。英国学者 1991 年在研究伦敦、伯明翰、爱丁堡等城市的问题后指出：交通一体化就是一种通过对基础设施、既有设备的管理以及基础设施的价格等因素的协调来解决城市交通问题，从而达到提高运输体系的整体效益的方法。

建立完整高效的交通一体化运输，就是要研究包括私人小汽车、公共交通、自行车交通以及步行等方式在内的综合运输体系的整体效应，以建立良好的交通秩序。

英国学者 1990 年提出了通过整合来改善交通现状的方法，提出了发展以下四方面的一体化。

（1）各级管理部门权限的一体化；

（2）不同运输方式发展策略的一体化；

（3）基础设施、既有设备的管理以及基础设施的价格等因素发展策略的一体化；

（4）交通与土地利用的一体化。

2. 国外城市与市郊一体化交通发展现状

（1）交通一体化政策研究现状

20 世纪 60～70 年代，英国大多数城市进行过土地利用研究。20 世纪 80 年代中期，20 多个城市提出要研究交通政策问题。这一问题的提出，是地方政府在考虑城市化过程中所产生的问题时引起的。研究重点是怎样获得一个交通与土地利用政策的度量。

与 20 世纪 70 年代基于土地利用的交通政策相比，交通一体化规划的特点有：

①重点提供未来交通政策要实现的目标；

②在开始就做出财务目标的评价，并定义约束条件；

③正确处理交通政策及土地利用参数；

④利用模拟方法检验全部政策参数，识别参数之间的相互影响；

⑤将战略重点放在使交通政策参数的综合潜力最大化方面；

⑥将战略视为一个促进执行过程的框架，而非固定不变的蓝图；

⑦运用综合模型输出和专家判断来进行多目标评价；

⑧ 通过完善检验来处理不确定性；

⑨ 在战略性轮廓规划模型中以速度作为研究的核心问题。

交通运输的政策实践分为五个阶段。

第一阶段：形成共识，交通数量的增长是不可持续的。

第二阶段：道路修建计划不能解决问题，即使大量投资，堵塞仍会存在；交通供给增长跟不上需求。

第三阶段：讨论轿车使用的限制策略，大幅度提高轿车出行费用，使供需匹配；对某些用户及某些运输方式实施优先发展策略。

第四阶段：公众的关注点集中于无限制交通移动所引起的环境后果；环境问题即使得到解决，潜在的交通拥挤问题依然存在。

第五阶段：普遍认识到改善环境与拥挤状况的唯一出路是少用私人轿车，进而减少旅行需求。

一般认为：欧洲已越过了第一、二阶段，即目前已经认识到道路建设不是解决环境和拥挤问题的可行解或期望解；目前处于第三、四阶段之间。同时，一些专家也开始研究第五阶段的问题，它们也是最难分析和最难寻找政治上和公众都能接受的战略的阶段。

政策的重要性：

① 交通政策要考虑的首要因素是减少出行长度，而非出行决策；出行长度影响着出行选择；

② 如果能够在比基础设施条件更广泛的范畴内寻找可能参数，交通政策的综合是可以实现的；

③ 价格尺度在政策中十分重要，尤其是作为调节需求的尺度，实际上它是政策参数之一，有很广泛的效果；

④ 开发道路—用户收费系统；

⑤ 在对交通政策所有组成要素的评价方面达成共识；

⑥ 在考虑不同口径的一致性的基础上提供财务信息，消除不恰当限制。

（2）一体化交通方针

美国客运市场中，铁路与公交车公共交通仅占 2.5%，欧洲则达到 14.0%。据预测，到 2020 年，欧盟的机动车还有可能增加 50%，使千人车辆拥有量达到 600 辆以上。这个水平相当于美国 20 世纪 80 年代中期的水平。

欧洲专家担心的是，欧洲的人口密度是美国的 4 倍。这正是欧洲大力倡议发展公共交通的背景所在。公共交通的地位说明了欧洲在构造城市与市郊一体化交通体系方面所取得的效果。以英国为例，过去 20 年中，英国平均出行距离从 20 世纪 70 年代初期的 7.5km 增加到了近 10km，而平均每人的出行次数则几乎未变。

目前大约有 7% 的轿车出行是在 1 英里以内，它们占轿车总走行公里数的不到 0.5%。若放宽到 5 英里，大约有 60% 是通过轿车方式出行，占总车公里的 17%。目前，欧洲国家许多机动车道的建设已被 TERN（Trans European Rail Network）的改造与扩展计划所取代，TERN 为人们提供了以 200km/h 的速度旅行于各大城市的工具。例如，从伦敦到布鲁塞尔 400km 仅需要 2 小时 40 分钟。

欧洲的公共交通系统有以下几个特点：

① 网络密度高、覆盖面广。无论是由城市公交车与长途汽车组成的道路网络，还是城市间铁路与地区铁路组成的轨道交通网络，都有很好的可达性。

② 提供了形式多样的运输价格。例如，无论城市运输还是城市间运输，均提供了不同种类的非高峰期票价，旅客可以选择适当的票种和出行时间，最大限度地节约费用。

③ 建立了整个地区的客票预售网络，售票点、旅行代理机构很多，极大地方便了乘客对公共交通的选择。

④ 信息服务好。大多数车站均提供免费的时刻表，乘客也可以通过 Internet 网络、电话来查询和预订车票。

⑤ 车次频率高。由于信息服务好，加上车辆班次频率适当，乘客在欧洲旅行感受不到难以忍受的等待和延误。运输公司通常可以根据预测或预定的客流量来调整班次及编组，最大限度地降低运输成本。

英国及其他西方发达国家交通调节与改善措施：

基础设施：新建高速公路、改建高速公路、新建轻轨、新建公交车站、修建停车场、公交专用线、增加交通工具。

管理措施：交通控制、改善交叉口、单行线、公交优先、自行车设施、人行道、事故处理措施、街道停车管理、公交车站管理、限制私有车、合乘私有车、提高服务频率、改进公交线路、车辆导航系统、乘客信息。

价格因素：停车费、过路费、燃油价格、尾气税、汽车税、调整费用结构。

土地利用：发展的密度、发展的最低限度、交通相关设施。

（3）我国可以借鉴的国外一体化交通政策

① 加强政府对交通的引导作用

对一个复杂的社会来说，政府有许多政策杠杆。在这些杠杆出台以前，确定社会发展的长期目标是至关重要的，这也是一体化交通政策的技术关键。政府在整个社会的发展中，根据不同时期的具体形势对政策进行修正和微调，将地区或国家导向预设的目标状态。

交通政策的作用要从"预测—提供"向"预测—预防"转换。

② 建立一体化的公交网络，促进土地的合理利用

改变传统的城市与市郊运输观念。传统的市郊运输是指城市近郊的运输，一般在几公里到十几公里范围内。实际上，发达国家的市郊运输概念已经有了很大的延伸，伦敦、巴黎等城市数千公里的市郊运输网络实际上早已将传统意义上的城市间铁路网络计算在内了。在我国，随着近年来建设部地改市、县改市政策的执行，市郊运输需求有了较大发展，形成了不少需求量大的交通走廊。

关键要建立一体化的城市与城际客货运输网络。对任何不能一次抵达目的地的运输来说，最大限度地减少中转换乘时间是提高公共交通吸引力的关键。一体化交通网络对城市发展有着重要影响，目前的研究焦点集中在交通与土地利用的相互关系方面。在建立适当的卫星城镇以疏散市中心区人口、缓解中心区拥挤方面，建立居民小区间快速、大容量的交通通道起着关键作用。

要实现这一目标，有两方面的任务：一是在交通网络建设上统筹规划，建立可达性好、覆盖面广的物理网络，尤其是具有较好的环保性能的地区轨道交通网络。二是从技术组织上建立起高效、快速的运输能力网络，大幅度提高公共交通的吸引力。

③ 加快车辆技术的研究与开发

我国的汽车工业水平亟待提高，研究和开发经济环保型的车辆任重道远。我国的经济环保型车辆要根据我国的人口、能源、土地和经济发展水平等因素综合确定。根据经合组织 OECD1995 年的测算，欧洲车辆的平均节能水平已经超过日本和美国，其重要原因之一是它更强调经济实用的环保型发展战略。值得指出的是，政府在改进车辆技术方面起着重要作用。

④ 加强交通管理，协调道路机动车与非机动车的运营

非机动车运输是我国的一个特点，尤其是城市交通领域。与大多数欧洲国家相比，我国的非机动车运输规模大、不确定性强。在许多城市，非机动车和机动车间的冲突与干扰已成为我国交通堵塞的重要原因。因此，为提高道路运输效率，当务之急是加强交通管理，协调两者间的运营。

⑤ 通过交通政策引导出行数量的减少

可持续交通政策的最高境界是减少交通出行数量规模。减少出行既是减少交通拥挤的手段，也是降低交通污染的有效办法。研究降低交通出行数量是一项复杂的任务，它关系到城市规划、土地利用政策，也关系到停车场规划与使用、私人车辆拥有与使用等政策；出行数量还关系到道路使用税、燃料税等价格因素。这里，建立一个社会仿真模型来定量地研究各项因素的相互关系是很有吸引力的。

⑥ 大力发展公共交通

公共交通是一种大容量交通工具，发展公共交通的关键是要为公共交通营造市场。因此，在规划城市建设时，要重视小区规模的设计和对小区的集中开发，建立具有"公

交价值"的交通通道；避免"天女散花"式的小区开发战略。城市规划要为公交营造市场。

⑦ 建立以轨道交通为骨架的一体化城市快速交通网络

"速度"是交通出行所考虑的首选重要因素。要在大城市建立快速的城市与城市对外交通网络，提高整个城市网络的出行效率。经验表明：在大城市建立以与道路运输体系具有较好隔离性的轨道交通系统为骨架的交通体系是发展方向。

（二）多方式衔接理论

1. 目标

（1）建立以轨道交通为骨干，地面公共汽车为主体，中小巴、出租车为补充，相互配合，共同发展的城市公共交通体系，以满足城市现代化运输需求。

（2）指导轨道交通站点周围土地规划，促进城市对外交通站场合理布局，支持城市空间发展和地区中心的形成，提供一个高效的公共交通运输网络。

（3）根据交通衔接点的交通量，规划为不同等级、不同规模的客运枢纽，发挥各种交通集聚效应，加强系统之间的有效衔接，以扩大轨道交通系统服务范围，提高公交整体运输能力，使公共交通出行比例稳步增长，确立公共交通在城市交通中的主导地位。

（4）提供良好的换乘空间和设施，通过对站点城市规划综合设计，合理组织换乘客流和集散人流的空间转移，达到系统衔接的整体优化，主动创造就近换乘条件。

（5）不断优化城市内部公共交通线路和站点布置。

2. 一般要求

（1）城市铁路、港口、机场、长途客运站，汇集了多种交通方式，具有客流集中、换乘量大、流动性强、辐射面广等特点，易形成综合交通枢纽。轨道交通与常规公交应成为客运枢纽的主要运输方式，在公交枢纽站，要提供足够的站场用地和先进的设施，合理组织人流和车流，以达到空间立体化的有效衔接。

（2）长途客运站场应根据客流分布方向，原则上安排在城市发展区边缘出入口地带，结合公路干线网络和城市轨道交通线网，设置在轨道交通线首末站附近，并组织公交进行换乘，以实现区域与城市交通二级接驳，发挥系统各自功能。换乘中心应提供公交总站场地和设施，视客流集结规模，确定公交场站用地和线网布局及组织形式。换乘中心的设计应做到功能分区合理、转换空间紧凑、行人系统安全、交通组织流畅。

（3）轨道交通主要服务于城市组团、对外交通站场和大的交通吸引源之间密集的交通走廊，为城市空间活动提供了基础保障。常规公交是一个"开放性"系统，更多地考虑网络覆盖范围。二者只是一个体系中的不同层次而已。公交线网设计应区分组团内部与对外联系客流服务对象，区内应提供一个较高服务水平的公交系统，而区外可提供两种运输模式——常规公交、轨道交通或快速公交，其中以常规公交与轨道交通的相互衔接为主导模式，公交线路设计应充分考虑旅客运送的空间转换需要。

3. 基本原则

轨道交通与其他交通方式衔接的原则应体现城市交通系统发展的整体性、协调性、便捷性、政策性和合理性，使各种交通方式能有机地结合在一起，既有分工，又有协作，充分发挥交通网络的运输能力，为城市的发展服务。

（1）将线路连接成线网的纽带，这对旅客的出行有主要的影响。因此衔接方式必须体现交通的便捷性和舒适性。

（2）应结合实际的工程地质条件、施工方法和各条线路的修建顺序，选择易于实施、经济可行的方案。

（3）应结合城市规划和城市环境，选择对城市干扰小的方案。

（4）应考虑到城市轨道交通和其他交通方式运营管理体制上的差异，选择双方均能接受的方案。

（5）应满足远期路网客流量的要求，满足远期发展规划的要求。

（三）与其他交通衔接设计

城市轨道交通线路与公交线网的关系应定位为主干预支流的关系，城市轨道交通以解决城市主要客流走廊、主要干道的中远距离客流为主，平均运距一般为6～10公里。轨道交通要发挥其大运量、快速、准时、舒适的系统特征。公共汽电车运能小，但机动灵活，是解决中、短途交通的主力。公共汽电车的配置主要考虑网络覆盖范围，为区内出行提供方便条件。

1. 与公交线网的衔接

（1）在轨道交通沿线取消大的重合段长的地面常规公共交通线路，改而将其设在轨道交通线服务半径以外的地区。

（2）将轨道交通线路两端的地面常规公共交通线路的终点尽可能地汇集在轨道交通终点，组成换乘站。

（3）改变地面常规公共交通线路，尽量做到与轨道交通车站交汇，以方便换乘。

（4）在局部客流大的轨道交通线的某一段上，保留一部分公共汽车线，起分流作用，但重叠长度不宜超过4公里。

（5）增设以轨道交通车站为起点的地面常规公交线路，以接运轨道交通乘客。

2. 与市郊铁路线的衔接

国内经验不多，国外一般有两种做法：

（1）市郊铁路深入市区，在市区内形成贯通线向外辐射。在市区内设若干站点与城市轨道交通衔接。

（2）利用原有铁路开行市郊列车，市郊列车一般不深入市区，起终点在市区边缘。在起终点车站上与城市轨道交通进行换乘衔接。

3．与地面铁路车站的衔接

（1）在既有火车站站前广场地下单独建设城市轨道交通车站，利用出入口通道与铁路车站衔接。

（2）在地面或高架修建城市轨道交通车站，进行客流的统一组织规划。

（3）在新建和改建的火车站中，将城市轨道交通车站一同考虑，形成综合性交通建筑，方便乘客换乘。

4．与公交车站的衔接

综合枢纽站：一般采用先进的设施和空间立体化衔接，合理组织人、车流分离，务使人流换乘便捷，车流进出顺畅，便于管理。

大型接驳站：指位于轨道交通首末站、地区中心及换乘量较大的车站的换乘点，在此布置的地面常规公共交通线路主要为某一个扇面方向的地区提供服务。

一般换乘站：为轨道交通车站与地面常规公共交通线路中间站的换乘点。一般多位于土地紧张的市区。在规划设计时，要充分考虑到轨道交通换乘量大的特点，将公交车站设置成港湾式停车站，并尽可能靠近轨道车站出入口。

5．与私人交通的衔接

（1）与自行车的衔接

调查表明：自行车的换乘客流来源一般在距车站 500～2000 米的范围内，这样，在居民区和市区主要交叉口的车站均应设置考虑一定规模的停车场地。

北京地铁的一般做法是将出入口周围划出一片地作为停车场地，但随着城市建设的发展，市中心的用地越来越紧张，这种做法越来越难以实施，这样在规模较大的车站可考虑利用地下空间设置停车场。

（2）与私人小轿车的衔接

国外经验表明：在市区边缘轨道交通车站修建小汽车停车场，鼓励小汽车用户停车换乘进城，取得了一定效果。这类停车场一般与城市轨道交通有良好的衔接条件，因而被乘客所接受。因此，对于市郊范围内的轨道交通换乘车站，一般均设计或预留了较大面积的机动车停车场。在城区，由于停车场地十分有限，相应的停车费用也比较高。

（四）与其他交通衔接实例

当轨道交通线路在市区边缘或郊区时，由于地面交通量不大，为降低成本，可以考虑将轨道交通车站设置在地面，尤其是轻轨系统。地面轻轨车站有很多成功的例子，如新泽西的 Hudson-Bergen 轻轨系统、曼彻斯特的 Tramlink 等。

　　轨道交通线路同地面道路或其他交通方式有许多共享的方法。在实际设计中，要根据具体的地形条件与线路设计要求，因地制宜地设计具体的布局方案。

　　1．伦敦

　　伦敦的一些重要铁路车站和地铁站几乎都建在一栋站舍内，而且出站就有公共汽车站或小汽车停车场，有 1/3 的地铁车站和小汽车停车场结合在一起，许多地铁车站设置在人流相当集中的大商店或办公楼底部，形成十分方便的换乘体系。这种体系既在城市中心或繁华地区为公共交通提供了方便，又有效限制了私人小汽车进入市中心区，保证市郊居民即使在不使用小汽车的情况下，也能在 1 小时内到达市中心办公地。

　　2．东京

　　东京地铁的换乘中心如东京站、池袋站、新宿站等，往往是几条地铁与干线铁路、市郊铁路的换乘中心。同时还将公共汽车站、出租汽车站、地下停车场以及商店、银行、地下商业街等布置在同一建筑物内。或虽不在同一建筑物内，但用地下通道联络在一起，从而可以形成地下、地面和地上立体换乘中心。

　　每个地铁车站都有若干的进出口，少则十几个，多的达数十个之多。如新宿站是 8 条线路的大型换乘中心。地下一层是小田急各站停车线路，又通过站台的中央通道、北通道和高架南通道，用以联络车站东西两侧；地下二层是京王线；地下三层是丸之内地铁线；地下四层是 JR 新宿站；地下五层是京王新线，地铁都营新宿线；地上一层是小田急快车线、山手线、中央线；二层以上是京王百货店、小田急百货店、各种食品店、饭店、书店等等。

　　3．莫斯科

　　莫斯科现有的地铁换乘站（包括地铁与地铁及铁路之间的换乘）共计 35 个，其中地铁与铁路之间的换乘站 16 个。地铁与常规公交站的结合也很普遍，全市 600 多条地面公交线路能与地铁换乘的就有 500 多条。每个地铁站附近都集中了近 20 条公交线路。

　　环线地铁 12 座车站，其中 11 座是换乘站；环线地铁穿越花园环路 12 个广场和 17 条主干道，吸引了大批乘客，方便了郊区乘客的换乘，充分发挥了地铁的总体效应。同时，在修建地铁车站时，与地下人行过街地道相结合，不但缓解了地面车流与行人间的矛盾，而且使行人、乘客、过街乘客都非常方便，保证了交通安全。

　　对于相交的两条线路，两车站处于同一平面，莫斯科采用独特的设计，使两站站台并列布置，其间用人行天桥相连。两条线路上的列车同时在站台上通过时，每个站台上的列车来自两条线路，但方向相同；换乘客流大的两条线路，布置在站台两侧，乘客在站台上即可换乘；换乘客流小的两条线路，布置在站台外侧，通过天桥换乘，换乘时间不超过 1.5 分钟，非常方便。

九、轨道交通系统的安全防护设计

（一）安全防护设计的原则及技术要求

1. 防灾设计原则

（1）严格执行各种设计施工的规范和规程。

（2）预防为主。

（3）确保安全。

（4）系统设施的选择必须符合防灾要求。

（5）建立联防体系。

2. 技术要求

（1）防火技术要求。

（2）抗震设防技术要求。

（3）防水灾技术要求。

（4）杂散电流腐蚀防护的要点。

（5）其他防护要求。

（二）地震防护

1. 震灾的破坏形式

根据对阪神地震的调查，地铁车站和区间隧道的破坏形式为：中柱开裂、坍塌，顶板开裂、坍塌，以及侧墙开裂等。地铁轻轨线高架桥破坏的形式主要表现为支座锚固螺栓拔出剪断、活动支座脱落或者支座本身构造上的破坏等。

2. 抗震设计方法

（1）设计中应考虑的地震影响因素有以下几个方面：

地震时地基下层土和结构的变形；结构自重产生的惯性力；地震时的土压力；地震时的动水压力。

（2）设计方法

拟静力设计方法、反应谱理论、时程分析方法。

3. 抗震构造措施

（1）地基处理。

（2）结构构造措施。

（三）火灾防护

1. 地下工程火灾发生的特征和危害

（1）排烟困难，散热慢。

（2）高温高热全面燃烧。

（3）安全疏散困难。

（4）扑救困难、危害大。

2.地铁工程火灾的防护对策

（1）规划布局合理。

（2）选择钢筋混凝土结构。

（3）合理选择装修材料。

（4）合理选择出入口位置和数量。

（5）防火分区划分及要求。

（6）联络通道的防火作用。

（7）钢结构的防火保护处理。

（8）地铁车站和隧道的机械通风及排烟。

（9）地铁火灾自动报警系统设置。

（10）灭火系统的选择。

（11）灾后处理的一般性办法。

3.地铁火灾的监控、报警与消防

（1）火灾监控与报警

监控与报警系统的组成：

系统功能，系统设备，系统电源设备。

（2）消防系统

水消防系统、消防水源与进水方式、消火栓系统、水幕系统、闭式自动喷水灭火系统、化学灭火系统、喷洒系统、控制系统。

4.地铁火灾救援

列车在行驶中着火、火灾发生在站台附近、火灾发生在隧道中央处、车站发生火灾。

（四）水灾防护

1.夏季暴雨在街道沉积，如没有足够的排涝设备、地面水位高，当地面水位高于地铁车站入口标高或风亭、排烟、排水孔标高时，就可能大量向车站回灌。沿海城市受海潮汛影响，海水沿内陆河道回流，漫出防汛堤，也可能向地铁出入口回灌。

车站出入口及通风亭的门洞下沿应高出室外地面150～450mm，必要时设临时防水淹措施。例如，在洪汛期做好封堵进出口水流通道的材料和施工预案。在地铁车站、区间隧道设置足够的泵房设备，一旦进水能及时外排，防止水淹地铁工程的设施。位于水域下的区间隧道两端应设电动、手动防淹门。

2. 地铁工程防水材料

（1）防水卷材。

（2）防水涂料。

（3）结构自防水材料。

（4）嵌缝密封材料。

3. 地铁车站防水

（1）离壁式衬套拱顶与侧墙防水技术。

（2）复合式衬砌防水技术。

（3）卷材防水技术。

（4）涂料防水。

（5）接缝防水。

4. 防水设计

结构自防水设计：

以高强度混凝土代替防水混凝土，混凝土施工质量问题应重视粗骨料的选择应优先采用掺外加剂的防水混凝土，重视粉煤灰掺合料的应用，结构上尽可能不留或少后浇缝，适当增加墙体水平构造筋。

（五）杂散电流防护

1. 产生杂散电流的原因及危害

采用走行轨回流的直流牵引供电系统中，接触网与牵引变电站的正母线连接，回流走行轨与负母线连接。牵引变电所输出的直流电经导电轨（第三轨）或架空线送入电动车组，流经电机电器后经走行轨回流，再经连接在走行轨上的导线回流到变电所负母线。

走行轨具有纵向电阻，因此从运行车辆至变电站负母线之间的回流走行轨上就产生电压降，车辆附近的走行轨电位相对高一些，形成轨道阳极区，就有正向漏泄电流流入大地。

因为地下埋设的钢筋、管道周围总有比较潮湿的电解质类物质，杂散电流在金属与电解质之间流动就加速了金属失去电子游离成金属离子，形成类似于电解过程的腐蚀现象，这就是金属的电腐蚀。

2. 杂散电流腐蚀机理

电化学腐蚀的发生一般应具备以下四个缺一不可的条件：

必须有阴极和阳极。

阴极和阳极之间必须有电位差。

阴极和阳极之间必须有金属的电流通道。

阴极和阳极必须浸在电解质中，该电解质中有流动的自由离子。

由杂散电流引起的腐蚀简称电蚀，有如下特点：

（1）腐蚀激烈；

（2）腐蚀集中于局部位置；

（3）当有防腐层时，往往集中于防腐层的缺陷部位。

3. 影响杂散电流大小的参数

（1）供电臂长度的影响。

（2）回流走行轨纵向电阻的影响。

（3）回流走行轨对地的过渡电阻的影响。

（4）机车负荷大小的影响。

（5）排流网纵向电阻的影响。

（6）是否排流的影响。

4. 杂散电流测定

测量管片内部电气连通和引出点电气连通质量最直接的方法是测定管片连接点的电阻值。

5. 杂散电流防护专业要求

（1）按防迷流专业提出的要求，将管片钢筋焊接连通成等电位体。

（2）接触网、排水管、消防水管、轨旁电话、扬声器等固定设备，均采用打膨胀螺栓解决，螺栓的尺寸按各工种要求而定。

（3）在预留螺栓孔中设置遇水膨胀密封垫圈，既有利于防水，又不至于影响金属垫片与预埋件的接触，保证防止杂散电流的传播。

（4）所有衬砌管片连接件、外露件，均需要镀锌处理，防止连接件、预埋件的锈蚀，并且所有连接件、预埋件及钢筋必须可靠电焊连接，以防止杂散电流侵蚀。

（5）结构表面应做防水防腐涂层。

（6）消防管道防迷流。

6. 杂散电流的控制

（1）减小回流轨的电阻。

（2）增加泄漏路径对地电阻。

（3）增加大地和地下金属结构之间的电阻。

（4）增加地下金属结构的电阻。

第三节　城市轨道交通运营

一、概述

1. 基本情况

我国轨道交通从无到有已经经历了三十多年的历史，但我国城市轨道的发展缺乏一定的稳定性，所以存在各种各样的问题。虽然已有轨道交通建设的历史为城市轨道交通建设积累了一定的经验，但是，由于历史和体制的影响使我国城市轨道交通的建设和运营遗留了很多有待进一步研究的难题。

（1）以往的研究多注重于技术，很少涉及运营管理

在轨道交通发展的初期，我们比较注重研究轨道交通系统的各种技术可行方案，而忽视了建后运营的研究。现阶段建设资金的短缺促使人们开始研究多元化投资的可行性。但此方式的缺点是把轨道交通进行条块分割，没有把城市轨道交通作为一个系统工程来研究。因此，有必要把轨道交通从投资建设和建后运营进行总体考虑，以轨道交通的整体效益为核心对轨道交通进行科学研究。

（2）城市轨道交通快速发展与建设管理体制改革的要求

从世界各国轨道交通的发展特点来看，一方面轨道交通属于"公共物品"，其提供者是政府，另一方面轨道交通的特点是投资大、周期长、收益低，没有政府的财政支持轨道交通难以生存与发展，因此轨道交通的建设和发展必然要以政府为主体。但是，随着政府财政压力的增加，政府在轨道交通上的投入逐渐下降，存在着轨道交通后续建设资金不足的问题。

（3）轨道交通运营模式改革的要求

从世界各国轨道交通运营的经验来看，轨道交通的运营成本很大，而客运量难以得到满足，导致轨道交通运营年年亏损，政府每年必须拿出大笔的资金来补助轨道交通运营企业，这使得各国政府的财政压力日益增加。从世界各国轨道交通运营管理体制改革的趋势来分析，轨道交通将由原来的"福利性"转向"经营性"，这样有利于吸引私人投资者参与到轨道交通的运营中。

2. 研究意义

（1）给相关政府部门提供参考

城市轨道交通投资巨大、基础设施建设周期长，从世界城市轨道交通的发展来看，它主要体现的是社会效益而非经济效益。目前，政府财政压力巨大，单靠政府的财力

是远远不能满足我国城市轨道交通的建设任务的。未来城市轨道交通建设的参与者可以分为两部分——政府和私人。

（2）为城市轨道交通建设提出建设模式

城市轨道交通建设涉及土建、信号、车辆、控制系统等一系列复杂的专业技术，同时还涉及征地拆迁、建设资金的来源、建设管理、运营管理以及行业管理等多个方面和部门，如果没有一个合理的建设组织形式，城市轨道交通建设将会陷入盲目，其运行也会因此而混乱，甚至导致轨道交通建设项目的失败。

（3）为城市轨道交通运营模式提出建设性意见

轨道交通的运营模式和建设模式是密不可分的，有什么样的建设模式就决定了有什么样的运营模式。传统的城市轨道交通都是政府自建自管的管理体制，而随着投资的多元化，私人投资者追求经济利益驱使要求城市轨道交通的运营更具有效率，因而城市轨道交通运营模式也需要一些改革。纵观轨道交通的发展，随着轨道交通建设模式的变化，轨道交通的运营方式也逐渐发生着变化——从传统自建自营、单一经营方式向建管分离、多元化经营转变。

二、国外城市城轨交通运营管理状况

1. 运营管理模式

城市轨道交通是指位于城市之内的以电力为驱动的有轨公共交通运输系统，它的班次频密且独立于其他交通体系。目前国际城市轨道交通有地铁、轻轨、市郊铁路、有轨电车以及悬浮列车等多种类型。从城市轨道交通的所有权与经营权关系上来看，其运营管理模式可分为国有国营模式、公私合营模式、国有民营模式、民有民营模式、私有国营模式等。

英国伦敦的国铁和地铁是通勤运输的主要工具。其中市郊铁路由国铁管理，其管理体制是国有国营性质，地铁和公共汽车由地方运输公司经营。

法国巴黎轨道交通包括地铁、地区快速铁路和市郊铁路。其中快速铁路由运输公司和国铁共同管理；市郊铁路属于国铁，其管理体制既有国有国营，也有国铁与地方共同理。

美国纽约公共交通由地铁、通勤铁路和公共汽车组成，地铁由城市运输管理局经营管理，市郊铁路由长岛铁路公司和北方铁路公司管理，其管理体制属地方国有、地方经营性质。

日本东京公共交通以地铁、国铁（后改为民营铁路）的市郊和城市铁路、私铁组成的快速铁路网为公交骨干，市郊铁路现归东日本铁路客运公司管辖。

德国的汉堡及其周边地区，快速轨道交通网由城市快速铁路、市郊铁路、地铁和

AKN铁路组成，市郊铁路与地铁、公共汽车、轮船由汉堡交通联营公司共同管理，市郊铁路的修建由城市和铁路共同负责，经营由联邦铁路负责。

2. 运营状况

世界各国城市轨道交通的运营管理的实践表明，绝大部分城市和线路都显现出了营业亏损，需政府支持，予以财政补贴。由于轨道交通建设投资大、建设周期长、运营成本高，很难做到运营盈利并回收投资。绝大多数城市的地铁很难用自己提供的运营利润来养活自己。随着运营成本的提高，许多地方甚至永远也达不到偿还投资。

作为轨道交通，运输成本很容易被计算出来，而其社会效益却不能用财务数字来表示。这是因为，如果世界上没有公共交通系统，许多城市，尤其是大城市将会在物质上和经济上完全自身窒息，城市正常功能将不能实现。因此，发展城市轨道交通和不断地对其进行政府支持和财务补贴已成为不可避免的事实。

第四节　城市轨道交通安全管理

一、城市轨道交通安全

1. 运营的安全性

运营的安全性是指在整个城市轨道交通系统的运营过程当中，要有避免乘客以及员工受到伤害、设备遭到破坏的能力。

2. 运营的可靠性

运营的可靠性是指其轨道交通系统要有保证乘客准时准点到达目的地点的能力，也就是要保证乘客安全准点到达，可靠性当中也含有安全性。

3. 保障安全的措施

要想保障轨道交通的安全，那么就必须做到以下几点：

①要健全轨道交通的法律法规体系和安全管理体系。要建立一个制度、责任、设施、岗位职责、人员配置、资金的投入和使用等一系列严密的管理体系，这样城市轨道交通的管理工作使之有法可依。

②要做好轨道交通场所的安保防范工作。

③做好城市轨道交通的重点单位、重要部门的安全防范工作。

④健全和落实确保城市轨道安全的各项技术措施。

⑤要研究制定好轨道交通突发事件的响应预案，并且要在实地进行演练。

二、城市轨道交通安全管理的特点

1. 安全工作影响面广

城市轨道交通系统都是在地下、地面、高架等复杂的运行条件下进行的，外界自然环境、社会环境以及城市轨道系统内部环境等多方面的因素对其运行安全的干扰和影响较大。城市轨道交通系统是由多个部门组成的一个大系统，每个部门的最终目标：安全运营。所以部门之间必须协同运作，只有这样才能避免不必要的事故，保证系统的安全运营。不然任何一个环节出现问题都会影响到行车安全。

2. 运营复杂

要将旅客安全地送达目的地，城市轨道交通必须经过多个部门程序和人员。在整个运输过程当中，安全工作涉及整个环节中的每一个人和工序，所以在整个运输系统当中一定要遵守规章制度，避免事故的发生。

3. 受自然环境的影响

比如下雨、刮风、下雪、雾天等都会影响到驾驶员瞭望信号和观察线路的情况；寒冷季节会造成设备的冻坏，影响安全。

4. 交通线网覆盖面积大

如果轨道安全知识的宣传不到位，人们对轨道安全知识知之甚少，那么就会造成乘客携带违规物品上车，提高了轨道运输系统的危险程度等。

5. 技术性强

城市轨道交通系统是多个学科研究制造出来的现代化交通工具，其技术性非常强，各种设备的操作人员必须经过严格的技能考试和不断的实践考察，合格之后才能够上岗，这样才能保证轨道交通的运输安全。

6. 受时间影响

城市轨道交通系统的运营是动态的，时间因素对行车安全影响大。轨道交通的行车密度大，列车运行时间间隔短，所以要求运营相关的工作人员密切注意时间因素，才能确保运营的安全。

三、城市轨道交通系统的安全性框架

城市轨道交通系统有许多保障安全运营的技术和管理措施。如上海地铁运营有限公司管辖的轨道交通系统，技术层面上采用了大量的监视与控制系统及各种维修（维护）措施；管理层面有分级安全管理组织、安全管理制度、运营质量管理体系、设备维护管理系统、管理信息系统、应急预案等机制。这些技术和管理措施以及对它们的研究工作应该按照系统工程的原则建立一个统一的体系。本节针对城市轨道交通系统的结构与运转特点，构建城市轨道交通系统安全性工程框架。

1. 安全技术体系

安全技术体系包含了各种安全保障或事故预防的技术措施，一般在线路设计建造时实现，也可在既有线改造时实施，主要有设备（设施）的固有可靠性提高、冗余、监控、检测、维护、维修、保护等技术措施。按专业可分为车辆、线路、通号、供电、客运等的安全技术措施；按区域可分为控制中心、列车运行、车站、隧道、桥梁、变电站、车辆段、通号基地等的安全技术措施。

2. 安全管理体系

安全管理体系包含了安全管理组织结构、各种安全活动计划、安全制度等。本节根据城市轨道交通系统管理组织结构的现状，提出轨道交通系统安全性与可靠性管理组织的结构框架。图中的安全组织结构为三级安全组织管理体制：公司决策层有分管安全性与可靠性的负责人；中间管理层有专门负责安全性与可靠性的职能部门；各专业分公司操作层有专职安全性与可靠性的责任小组。职能部门负责安全性与可靠性管理制度的制订及实施情况监督、安全性与可靠性信息管理系统的管理、安全性与可靠性分析评估及预警系统的管理等工作。责任小组负责事故与故障信息的录入、相关制度执行情况监督等工作。通过安全性与可靠性综合信息平台实现安全性与可靠性的动态管理。

3. 事故应急体系

事故应急体系由应急技术与应急管理（应急预案）组成，主要有应急救援、应急运营、应急装备、事故处理等方面的内容。由于事故应急的重要性以及必须具备快速响应和联动调度的机制，因此列为单独的一个体系。

4. 安全性分析和评估体系

在安全性研究的所有内容中，最基本的是安全性分析和安全性评估。对于城市轨道交通系统，安全性研究体系主要有五个方面的内容：安全技术研究；安全管理研究；事故应急机制及预案研究；事故调查分析；系统安全性分析与评价。安全性研究的核心是发现、分析和评价系统中存在的不安全因素，研究和开发各种针对高危险状态的监控系统、检测技术、事故预防和应急措施，制定防止不安全因素转化为事故发生和事故发生后减少损失的安全管理规章制度，以及对这些规章制度的实施、检查及评价等。

四、影响城市轨道交通运营安全的主要因素

1. 城市轨道交通的技术设备

技术设备的日常管理和维护直接影响着系统的运营安全和可靠性。城市轨道交通系统包含了以下主要设备：线路及车站、车辆及车辆段、通信信号、供电、环控设施、

售检票以及防灾监控报警设备等。只有各项技术设备协同可靠工作，才能保证列车安全高效地完成运输任务。城市轨道交通系统一般采用了高可靠性的元件、设备和软件，而且构成的系统具有"故障导向安全"的特征，使整个系统具有应对设备故障及突发事件的高度安全性。城市轨道交通的线路长度、站间距离相对较短，列车种类单一，因此为了保持列车运行秩序稳定，列车运行控制系统在一定范围内可以自动调整列车的运行状态。城市轨道交通车站一般不设置配线，列车在车站正线上办理客运作业，如果一列车出现故障，将直接影响到后续列车的正常运营。因此，整个轨道交通系统的设备维护和管理是十分关键的。

2011年9月22日11时55分，西单站带班值班站长在站台巡视时发现西单站站台3号电梯故障，有异响，立即停梯、关闭电梯上下围栏，并挂故障牌；同时报机电人员维修，写报修记录。12时00分机电第二项目部电梯维修中心主任唐某某、维修员南某某接到西单站客运人员报修电话，于12时20分到达西单站。机电维修人员到达现场后，根据车站工作人员的描述，对地铁故障情况进行检查，发现在电梯头部疏齿板处有3个小螺钉，进行了清除处理，开启扶梯试运转，看到扶梯运转正常，便向车站工作人员报告修复完成。此时机电工作人员在未打开该电梯上方护栏门的情况下，打开了该电梯下方的护栏门，且该电梯处于运行状态。恰好有列车进站，乘客乘坐3号扶梯，由于该扶梯上方头部护栏门未完全打开，形成拥堵，发生乘客挤伤。

这起事故对城市轨道交通系统中设备的可靠性和安全性提出了质疑。首先因为地铁上方的头部护栏门没有打开，从而造成乘客拥堵、挤伤，引发了小规模的乘客混乱；其次机电维修人员对扶梯故障处理后，没有按照电梯维修规定进行全面运转检查，也没有按照电梯运行规定与客运人员进行交接。同时也反映出机电公司在人员管理、安全教育方面存在缺失以及维修规章制度执行不到位等问题。

在这样一起事故过后，城市轨道交通的安全性与可靠性再一次被推在了风口浪尖。不管是维修部门还是运营部门对事故都有着不可推卸的责任。笔者认为以下几点是急需改善或施行的：

①加大全体员工教育培训力度，尤其对相关规章制度的掌握和执行落实；

②加强运营分公司与设备分公司故障处理应急演练，优化并做好应急处置工作，提高现场应急处置水平；

③立即对各线扶梯进出口护栏进行全面检查，统计汇总单向门位置数量，制定双向开启方案后，全面进行整改。

2.城市轨道交通网络的运输能力

城市轨道交通系统的网络运输能力体现了运输效率。提高网络的运输能力，可以最大限度地满足乘客的出行要求，安全高效地完成输送任务。网络的运输能力主要影响轨道交通运行系统的可靠性，列车一旦发生延误不仅会影响自身线路的正常运行，而且会影响网络中其他列车的正常运行。正是因为地铁运行延误具有传播性，在发生列车运行延误时，列车到达晚点或者取消车次都会降低线路与车站等设备的通过能力，限制系统设备能力的充分利用。特别是在客流高峰时段的运行延误，将导致更大的能力损失，严重影响城市轨道交通系统的运营稳定性和可靠性。因此，提高网络的运输能力、减少列车的运行延误对提高系统运行的可靠性是很重要的。

3. 城市轨道交通运营组织方案

城市轨道交通应为乘客提供满意的出行服务，良好的运营组织是这种供给的前提和保证。在一定的网络结构和设备条件下，采用的运营方案应针对客流变化的情况，有利于提高网络系统的整体运输能力，适应客流需求，增加运营效益和运营可靠性，满足乘客在出行安全、舒适、准时等方面的要求。

4. 突发事件

除了系统本身可能影响城市轨道交通系统运营安全和可靠性的因素外，自然灾害、恐怖袭击、人为破坏等突发事件也是影响运营和可靠性的关键因素。这些突发事件的发生，将会造成重大的人身伤亡、财产损失以及运营中断，产生轨道交通运营的安全问题。所以必须建立健全的社会应急体系，加强应急管理工作。突发事件发生前的预防是突发事件管理的重点，预防是突发事件管理中最简便、成本最低的方法。各监测部门应健全监测、预测工作，及时收集各种信息，并对这些信息进行分析、辨别，有效觉察潜伏的危机，对危机的后果事先加以估计和准备，预先制订科学而周密的危机应变计划，建立一套规范、全面的危机管理预警体系，明确各政府部门的责任，对危机采取果断措施，为危机处理赢得主动，从而预防和减少自然灾害、事故灾难、公共卫生和社会安全事件及其造成的损失，保障国家安全、人民群众生命财产安全，维护社会稳定发展。

五、提高城市轨道交通运营安全的途径

1. 加强人员培训和系统设备的日常维护

城市轨道交通系统是一个包含土建、车辆、供电设备、通信信号、运营管理等多学科、多专业、多工种的复杂大系统。系统的安全与可靠性贯穿了从工程的前期决策、设计、施工到运营管理等各个阶段的全过程。对每个有不同岗位要求的工作人员而言，高质量地完成本岗位的工作要求，是保证轨道交通系统安全高效运营的关键，因此，必须加强工作人员的职业素质和道德培养。

城市轨道交通运营所依赖的交通设施，虽然采用了较高的可靠性标准，列车运行控制软硬件系统也采用了冗余设计来增强系统工作的可靠性，但在长期复杂多变的外界因素干扰下，仍然难以保证运营设施与设备不产生功能失效，因而系统实际运营过程中发生随机故障在所难免。为了降低故障发生率，就需要对系统的各种设施设备做好日常的维护和管理，发现问题及早解决，最大限度地消除发生故障的隐患，从而保证轨道交通系统安全高效地运行。

2.提高轨道交通系统的技术装备水平

为了保证轨道交通系统中各种设备的正常运行，减少故障、事故和突发事件的发生，应尽可能地利用最先进的技术装备和高科技手段。如采用高技术支持的信息管理、应急处置系统等来确保各种事件发生时的信息传输通畅以及应对措施的有效实施；采用列车运行智能化调度系统，减少因人工疏忽所引发的各种故障或事故；采用线网综合运营协调系统，保证网络中各车辆的高效、安全、可靠运行。

3.应急预案的制订和演练

通过安全设计、操作、维护、检查等措施，可以预防事故、降低风险，但达不到绝对的安全。因此，需制订在发生轨道交通事故后所采取的紧急措施和应急处置预案，充分利用一切可能的力量，在事故发生后迅速控制事故发展并尽快排除事故，保护乘客和员工的人身安全，将事故对人员、设施和环境造成的损失降低至最低限度。应急预案是应急救援系统的重要组成部分。针对各种不同的紧急情况制订有效的应急预案，不仅可以指导各类人员的日常培训和演习，保证各种应急资源处于良好的准备状态，而且可以指导应急救援行动按计划有序地进行，防止因行动组织不力或现场救援工作混乱而延误事故救援，降低人员伤亡和财产损失。在预案演练时，可以与公安、消防、医院、公交等系统的相关部门实行联合演习，增加演练的实战性，更好地掌握演练技巧。

第五章 城市步行和自行车交通规划设计

第一节 发展简史

城市步行交通在城市交通系统中的地位是随着社会经济的发展、交通工具的改进而变化的。步行是一种古老而广泛使用的交通方式，车马交通的出现第一次使步行者受到了威胁，机动车的到来更是加重了这种威胁程度，机械化交通很快体现了快速、方便、运距长的优势并开始侵入行人拥挤的街道，世界上几乎所有的城市都面临着利益与灾难的共存。各国的政府人员、规划师、建筑师和交通工程师对步行者的安全保障问题都做了很大的努力，较为典型的有英国、德国和美国，从雷德伯恩（Radburn）模式、布恰南（Buchanan）报告到安宁交通（TrafficCalming）政策，以及最近有关共享理论的研究，采取了一系列保护行人和居民免受机动车干扰、改善城市步行环境的政策和措施。

一、马车时代的城市步行交通

道路和街道主要是根据陆上交通的需要而发展的。城市产生初期，人们很少有代步工具，城市道路只是一个简单实用的步行系统。16世纪不同形式的马车在欧洲开始发展，18世纪后半叶开始普及，但马车主要为贵族服务并多用于远途，城市建成区内步行仍是人们出游、工作和参与社会活动最常见的交通方式。这个时期人车矛盾并不突出，只有少数解决步行与车行交通之间冲突的例子：罗马街道的拥挤致使恺撒规定日出和日落之间禁止大车和马车入城；庞贝城的集会广场只允许步行者使用，并且通向广场的街道都设计为尽端路。这段时期也逐渐出现了早期交通分离的尝试，19世纪中叶城市街道开始提供人行铺道以分离行人和车轮交通，继而出现了环境舒适的可遮阳避雨的廊街，公园的路网系统中也开始根据不同的交通模式分离道路。

1. 人行道和廊街的发展

人行道最早出现在罗马时期，英国在1666年伦敦大火后，新建的街道上开始提供人行道，18世纪中叶法国和德国一些较好的街道上人行道也逐渐普及。

18 世纪，有遮蔽的市场通道首次在法国建成，后来逐渐出现在许多欧洲的大城市中。廊街是拥挤的城市区域分离行人和车轮交通的第一次规划尝试，在市场中的通道上部用屋顶覆盖，形成连续的有顶步行空间，主要建于城市中心，多用于线状或十字交叉的购物区，连接各类商店。最初人们只是想在现有的商业街道上空加上顶篷，以遮蔽风雨，但玻璃顶廊的运用，却使人们意外地发现古老的市街因此而变得明亮轻快，并富于生气。这使商业廊街在 19 世纪的欧洲风靡一时，许多著名的廊街都建于 1820 年和 1880 年之间，最有影响力的是 1867 年米兰市的拱廊商业街，占地 4200 平方米，长 195 米，精心设计的采光顶篷和色彩各异的大理石花纹地面造就了优美的步行空间，熙熙攘攘的商业和步行活动长盛不衰。19 世纪随着新的建筑规则的出现，廊街逐渐演变为玻璃拱廊和中庭结合的室内步行商业建筑。

2. 交通分离概念的雏形——一种保护公园特征的措施

雷德伯恩模式—— 20 世纪居住区人车分离的概念，最早源于景观建筑师的道路设计。19 世纪中叶，迫于公众对公共开放空间和公共步行道的强烈呼吁，英国设计了一批新的公园。德国在国家社会主义时期也兴起了轰轰烈烈的开放空间运动，部分公园的建成和开放甚至要早于英国，规模较大的有帕克斯顿（Joseph Paxton）设计的伯根汉德（Birkenhead）公园，完成于 1845 年。帕克斯顿根据不同的交通模式分离道路，公园中包括一条马车道和两条完全独立的步行道。后来欧姆斯坦德（Fredrich Law Olmsted）和卡尔法特（Calvert Vaux）设计了纽约的中央公园，与帕克斯顿采用了类似的系统，为每种交通方式都设计了一套完全独立的道路网络，交叉处设置天桥，并设计了预期纳入大都市车行道系统和公园系统的穿过道路和林园路。芒福德（Mumford）认为雷德伯恩住宅区规划受到了中央公园道路设计的影响。

二、19 世纪末 20 世纪初英国、德国和美国的街道规划以及雷德伯恩人车分离模式

1. 德国、英国和美国的街道规划

19 世纪末 20 世纪初，随着机动化交通的出现，道路使用中的弱势群体（行人和骑车者）和机动车之间出现失衡，原有的城市肌理遭到破坏。为了避免产生工业化初期破坏城市的消极开发，出现了城市需要规划和控制的概念，城市规划作为一项市政任务也包括了道路规划问题，德国、英国和美国的街道规划各有重点。德国的城市规划传统开始于街道规划。19 世纪末，工程师和规划师开始了发展等级街道控制交通的努力。鲍梅斯特（Reinhard Baumeister）和许朋（Hermann Joseph Stubben）的观点是这种街道规划思想的典型，提出根据交通流进行街道分级。他们认为一个好的街道网络应该包括为各种交通服务的主要街道和适应居住交通的辅助街道，反对将曲线街道

作为现代街道规划的规则，反对教条式地复制历史街区布局。然而这种观点不久就遭到了塞特（Camillo Sitte）的挑战，塞特主张保护历史城市，不赞成城市满足现代交通的需求，与鲍梅斯特和许朋相反，塞特的街道是曲线的、狭窄的，包括小的街景和交叉口，塞特的影响持续到了 20 世纪 30 年代，这种观点在小汽车拥有率较低和公共交通比较发达的情形下较为适用。与城市规划一样，英国的街道规划开始于对人们健康状况的关注，宽阔的街道能保证光照和通风。一方面开发商和地产拥有者按自身需要规划街道，地方政府无权干涉街道布局，只能执行一些关于街道宽度的规定，因此生活街道交通压力重、识别性差、单调而缺乏吸引力。另一方面英国工业城市的规划师和建筑师发展了一种新的街道布局模式，即根据艺术原则设计街道。这些尝试影响了帕克（Barry Parker）和恩温（Raymond Unwin），在一些田园城市及其郊区得到了广泛应用。恩温吸纳了许朋的许多观点，赞成分离不同的交通模式，建议减少特定的居住区街道和城市中心街道的车轮交通和机动交通，以保护行人和居民免受机动车的干扰。

美国在街道规划方面与英国和德国有较大的区别，主要是美国的机动化程度较高，对小汽车使用的促进高于公共交通，交通规划师主要是一些技术专家，一味追求对交通需求增长的满足，不能也无暇顾及机动化可能对城市结构所产生的影响。方格网的街道布局、过度发展的小汽车不可避免地给城市区域带来了环境和财政压力，并引发了道路安全问题，这使许多开发者意识到改变街道布局的重要性，这种趋势后来走向了雷德伯恩的开发建设。

2. 美国的雷德伯恩人车分离模式

为了减轻城市的拥挤程度，控制城市增长，美国区域规划的概念获得了发展。1923 年成立的美国区域规划协会（RPAA），预见到了小汽车对城市开发模式的影响，他们欢迎各种灵活的交通方式，同时也看到了机动车给大城市带来的负面影响，特别是对居住区道路安全造成的威胁。受英国和德国田园城市及其郊区的影响，结合美国的生活方式和与日俱增的小汽车拥有量，1928 年，RPAA 开发了新泽西州的雷德伯恩社区，第一次在居住区中设置独立的机动交通网络和行人（自行车）交通网络，创造了一个人车平面分离的交通模式。雷德伯恩设计中提出了邻里单元的社会学概念，认为住宅应围绕学校、游戏场地以及其他社区设施布置。另外还进行了严格的道路分级，以避免不必要的交通穿越，包括直接通向建筑物的服务性道路、围绕住宅区的次级集散道路、主要的联系不同邻里街区的通过道路和提供城市间的交通联系的高速公路或公园路。每户居民的住宅一面连接车行道（支路或尽端路），另一面连接人行系统，当步行道不得不穿越车行道时采用高架或地道。

但雷德伯恩的开发后来因住宅价格较高的原因并不成功，只建成了一部分，而且因干道网密度较低、街区面积过大，导致步行距离过长，雷德伯恩模式并没有在美国普及。欧洲许多城市具有前工业社会形成的紧凑的城市结构，人口居住密度较高，雷德伯恩模式在许多城市中得到了广泛运用。雷德伯恩模式体现了一种新的设计形式，为居住规划和基于分级交通体系的邻里单元布局提供了新的原型，被认为是适应机动化时代发展规划的重要一步。

三、"二战"以后德国和英国道路交通政策中有关步行问题的考虑和英国的布恰南报告

1."二战"后德国和英国的道路交通政策中有关步行问题的考虑

"二战"以后，德国大部分城市进行了重建，小汽车被看成是战后经济振兴的最重要的动力。为了给机动车创造更多的运行空间，20世纪50年代中期德国恢复了大量的道路建设。完全的机动化使城市中心面临巨大的挑战，德国采取了促进机动化交通同时发展公共交通的政策，同时也逐渐开始了步行化的发展，但因遭到交通工程师和零售商的反对，步行区大多规模较小。

与德国相比，英国则更加关注对交通的限制，虽然英国也建议进行大规模的道路建设，但主要是为了居住区和城市中心免受过境交通的干扰。1943年城乡规划部出现，英国的城市规划进入了全盛期，城市规划以大量的土地使用规划和道路交通规划为特征。随着小汽车拥有率和机动车速度的增加，交通专家日益受交通事故困扰，如何改善道路安全和交通流的增长问题成为道路交通政策的重要方面。曲普（Alker Tripp）提倡交通道路的分级，建议采取更严格的交通控制措施，以保护特定区域免受机动车的干扰，保护行人和骑车者的安全。他提出了功能街区的概念，即以次干路为界限界定不同形式的区域，如商业区、居住区、工作区和历史建筑保护区等，与雷德伯恩的邻里有某种程度的相似，虽然曲普的功能街区在尺度上要小一些。后来以布恰南为首的工作组借用了功能街区的想法并将其重新定义为环境功能区，曲普可以被认为在道路网络综合概念中发展现代交通安宁观点的第一人，但这种交通安宁建立在大量的道路建设基础上。

英国在新城和新住宅区开发中普遍运用了邻里单元概念和雷德伯恩道路布局模式，新城的购物中心和许多城市的再开发计划中也开始尝试步行化，包括商业街的步行化、步行街廊和高架步行道等，但因执行困难大规模步行化付诸实施得较少。

2.英国的布恰南报告

20世纪50年代后期，英国致力于高速公路的建设并建成了大量干道，但城市区域的交通问题仍然没能得到解决。1960年代早期，交通运输部部长马尔坡斯（Ernest Marples），委任布恰南（Colin Buchanan）研究城市的交通问题。布恰南不仅是一位道路工程师，同时还是建筑师和规划师，丰富的专业内涵使他能预见机动化对城市环境的影响。他强调汽车时代步行环境的重要性，认为人车分离是对步行者的一种解放。

他曾写道："步行者在城市中应享有充分的自由，能够随意地漫步、休息、购物和交流，沉浸于场景、建筑和历史所营造的气氛中，他们应该得到最大限度的尊重。"布恰南报告是以布恰南教授为首的小组在1963年对交通运输大臣提出的报告书，正式题名为《城市交通》。报告揭示了整个城市的交通问题，包括环境标准问题、机动车可达性问题和财政资源的可利用性问题，第一次提出大规模的道路建设可能会对城市结构的影响，第一次将城市环境和小汽车的可达性相结合。报告还吸纳了曲普的"功能街区"概念并发展为"环境功能区"，功能区的外部由交通通道围合，内部是一个连续的功能空间环境，环境功能区有不同的特征，交通应视不同功能而定（居住区、商业区和工业区）。它第一次指出道路建设和使用安排不仅要考虑承担交通流的大小，更要判断道路与城市环境的协调，提出了道路的环境容量的概念。也就是说，对任何街道网均要规定一种环境标准（噪声、废气、不安全程度和不方便程度等方面），按此标准，确定容许通过的交通量，以解决提高道路交通通行能力和提高城市环境品质之间的矛盾。

报告在英国引起了巨大的反响和争议，布恰南认为机动车是一种有效的交通手段，但他指出，如果不采取限制措施或城市不进行重建，原有的城市环境就会受到影响。这种观点后来被误解为赞成大规模的道路建设，保证城市区域小汽车的最大使用，所以在当时的历史条件下，布恰南的思想在英国并未能付诸实施，在其他一些国家如德国产生了巨大的影响。

四、20世纪60年代以后城市步行区的发展和交通安宁政策以及街区共享理论研究

1. 城市步行区的发展

自20世纪60年代以来，自由经济时期所获得的价值和目标不断受到质疑，大规模的道路建设、小汽车的无限制发展引发了一系列的城市问题。城市中心区丧失了昔日的经济、社会和环境特色，一方面机动车和行人互相抢道，步行者使机动车速降低，而机动车又威胁着步行者的安全；同时郊区购物中心的发展吸引了许多过去在市中心购物的顾客，致使中心区的商业功能逐渐衰落。为了应付这一挑战、改善城市生活条件、创造城市活力，西方国家相继实施内城复兴计划，城市中大规模步行化的推进被看成创造更为人性化城市的重要一步。许多城市经历了商业中心从市区到郊区再返回市区的变化过程，布局形态上从商业干道发展到全封闭或半封闭的步行街，从自发形成的商业街坊发展到多功能的岛式步行商业街，从单一平面的商业购物环境发展到地上地下空间综合利用的立体化巨型商业综合体，从地面步行区发展到二层平面系统的步行天桥商业和地下商业街。步行化为改善交通状况、城市更新方面提供了有效的手段，减少了各类交通的冲突，刺激了商业的发展，提高了城市的环境艺术质量，德国

在这方面走在了前列。

德国步行区建设初期，步行区的开辟仅限于城市主要商业街的步行化，将一条街道改为步行街禁止车辆通行是出于对中世纪形成的城市中心区道路狭窄、交通混乱而采取的相应政策，因限制交通提高了步行区的商业吸引力。20 世纪 70 年代初期，日益增长的环境意识和城市中心区历史价值的重新发现，以及市民价值观的变化加速了步行区的建设，这时的步行区规模较大，对环境效益考虑得更多，不仅提高了商业吸引力，也增加了环境和社会吸引力，但步行区并没有消除机动交通，而只是将它们转移到了附近的居住区内。20 世纪 80 年代初期，交通规划尝试了一些新方法，试图以各类交通的合理平衡来改变优先考虑机动车交通的设计方法，从城市道路网的合理分布上解决城市交通问题。商业街重新组织使步行者获得了明显的优先权，街道对机动车实行选择性开放（车种、车速和时间），步行区周围的居住区也通过交通限制措施改善了环境质量，自行车交通也因其自身的优点为大多数市民所接受，各类交通在步行区中都能和谐地相处。

北美国家城市的步行区建设受西欧的影响，并结合自身特点，大多数城市中心区以立体分离作为步行街区发展的主要规划原则，如美国明尼阿波利斯市和加拿大卡尔加里市的天桥步行街区系统、加拿大多伦多市和蒙特利尔市的地下步行街区系统。明尼阿波利斯市是美国步行街区系统最为完善的城市，封闭的天桥系统跨越街道连接各大型建筑物，连续的天桥系统序列由于不同尺度、功能各异的公共建筑的嵌入而变得丰富多彩，不仅缓解了交通、繁荣了经济，还提供了新型的城市公共空间。加拿大卡尔加里市则是以中心市区 "+15" 电梯步行系统而为人们所熟知，即拥有距地面 15 英尺以上发展起来的过街天桥系统，目前卡尔加里 "+15" 系统共有 41 座过街天桥，是世界上最大的高架步行区系统。这种立体分离的步行街区布局模式一方面符合北美传统的室内大商场商业活动方式，另一方面也非常适应当地的气候条件，因此得到了广泛运用。

2. 交通安宁政策

交通安宁的概念来自 20 世纪 70 年代德国大量步行区的建设，并受绿党的影响，提出要加强环境问题的研究，采取一种新型的交通和速度管理方法，创立一个更为人性化的城市环境。

追根溯源，交通安宁理论上的确定来自 1963 年英国的布恰南报告，在居住区中进行交通安宁的实践则来自荷兰的庭院道路。为减少车对人的干扰，将道路设计成尽端式或将道路两端设计成缩口状，以限制外部交通通过，或者将车道设计成折线形或蛇形，迫使车辆减速，保证步行者的安全。后来又在居住区内部道路改造运动中发展了更加细致的设计原则，主要是限制道路直线段的长度和宽度来降低行车速度。如设置减速路拱、路边种树、设置路边停车等，总的观念是避免传统街道的人行道与车行道的分离，相反将它们融入一块板路面以产生居住院落的视觉印象，并通过绿化、座椅等强化这种感觉，车速降至行人步行速度，迫使汽车驾驶人员注意步行者。根据设计者的研究，居住区内部人车共存的道路应保证车速不超过 20 公里 / 小时，高峰小时汽车流量不超过 250 辆。后来因造价太昂贵，出现了简化的设计方法，即不触及传统的道路平面设计，通过设置限速路拱、瓶颈、抬高交叉口等降低机动车速。自 20 世纪 80 年代起，考虑到实施交通安宁费用过高、时间过长，不少城市政府采取了一些选择性试验，降低机动车交通速度但并不减少交通量，如设置限速交通标志牌，必要时辅以一定的交通管理措施，取得了一定的效果。另外交通安宁的概念又从庭院式道路扩展到区域范围，因而使事故率大大减少，交通噪声、空气污染减少，机动车的车速降低，从而提高了城市的生活质量。交通安宁是一种规划和交通政策，有广泛的规划、交通和环境政策目标：减少建成区交通事故的严重性和数量，加强道路的安全性；减少空气和噪声污染；归还步行和骑车空间和其他非交通活动空间；加强步行者、骑车者和其他非交通活动参与者的安全性；改善环境，促进地方经济发展等。从狭义角度来看，交通安宁可理解为在某些城市区采取措施将机动车速度限制为 30 公里 / 小时；从广义角度交通安宁可理解成一种综合的交通政策，包括在建成区降低速度以及对步行、自行车和公共交通的鼓励，根据建成环境的需要对机动车采取不同措施进行限制，如道路收费或禁止停车等。然而安宁交通并不是反对小汽车，而是对步行者的一种解放，对公共交通和自行车交通的一种呼吁。把安宁交通纯粹当成一种道路工程措施是一种错误理解，仅仅将一些居住区街道设计成庭院道路的做法也不可取。这种形式的交通安宁将减少进行设置的街道的机动车数量或机动车平均速度，但交通会被重新分配到其他的街道，加重了其他街道的交通压力。

3. 共享理论

大规模步行化的推进缓解了城市交通压力，改善了城市环境，但也不可避免地带来了一些负面影响。首先步行化并没有消除机动交通，而只是将它们转移到了其他地区，道路面积率因此而明显增加。其次纯步行化影响了地区的可达性，削弱了商业，尤其是与机动车交通联系紧密的商业的吸引力；另外，由于欧美国家人口密度较低，机动车和步行道的完全分离致使汽车道安全性下降，而步行道也因此减少了活动的多样性，影响了城市活力。基于上述原因，并受交通安宁概念的启发，20 世纪 80 年代以来，人们开始了共享理论的研究。街道共享是西方汽车社会方兴未艾的一种交通规划和设计的新课题，步行与机动车辆之争发生了质的变化，人和车辆平等共存的概念逐渐取代人车分离的概念。人们试图寻求一种合理的规划设计管理措施，为所有的道路使用者改善道路环境，使街道中步行者和机动车能够平等共存，各类交通能够和谐相处，减少步行者、骑车者和机动车之间的冲突并增强沿街商业的经济效益，即意味着恢复目前受交通支配的道路的人类尺度而无需将交通限制到不能接受的水平。这方面的研究包括道路交通、沿街活动的规划设计管理和道路环境的设计管理等方面，具体涉及街道的物理特征、沿街活动、步行活动、交通功能、机动车速度、交通安全、停车管理、街道景观、街道质量和社会经济环境等内容。一方面从规划上进行研究，从区域范围、从城市道路网的合理分布上解决交通与沿街活动的混合问题，维持各类交通的合理平衡。另一方面，还包括一些具体设计控制措施的研究，如改变街道的物理特征、设置减速路拱、路边种树、设置路边停车、渠化交通、实施单向交通等，以增强道路安全、支持沿街活动和改善道路环境。由于欧美国家的居住人口密度较低，研究者认为，限制交通的人车共存形式比人车分离更有利于增加居民交往，提高街区公共空间活力。

第二节　基本规定

（一）城市步行和自行车交通系统规划设计应遵循安全性原则

1. 应优先保障步行和自行车交通使用者在城市交通系统中的安全性，在满足安全性的前提下统筹考虑连续性、方便性、舒适性等要求。

2. 应保障步行和自行车交通通行空间，不得通过挤占步行道、自行车道等方式拓宽机动车道，杜绝安全隐患。

3. 步行和自行车道应通过各种措施与机动车道隔离，不应将绿化带等物理隔离设施改造为护栏或画线隔离，不得在人行道及自行车道上施划机动车停车泊位。

4. 在过街设施、道路照明、市政管线、街道界面等的设计和维护中应考虑步行和自行车交通使用者的安全，以降低交通事故或受犯罪侵害的风险。

（二）城市步行和自行车交通系统规划设计应遵循连续性原则

1. 应根据不同等级的城市道路布局与两侧用地功能，结合滨水、公园、绿地空间，形成由城市道路两侧步行道、自行车道与步行专用路、自行车专用路构成的步行和自行车交通网络，保证行人和自行车通行的连续、通畅。

2. 在步行和自行车交通网络与铁路、河流、快速路等相交时，应通过工程及管理措施保障步行和自行车交通安全、连续通行。

3. 应研究探索步行和自行车交通穿越公园、小区以及大院的可行措施，增强网络密度，提高连通性。

4. 在设计道路交叉口和过街设施时，应特别注意人行道和自行车道的连续性，避免出现断点。

（三）城市步行和自行车交通系统规划设计应遵循方便性原则

1. 在既有城区改造、新区建设、轨道交通、环境综合整治等重大项目实施过程中，应充分考虑步行和自行车交通系统设施布局，并可贯通周边公园、大型居住区内部路网，作为城市路网补充，形成步行和自行车交通系统的便捷路径，完善步行和自行车微循环系统。

2. 鼓励结合城市水体、山体、绿地、大型商业购物区和文体活动区，建设步行和自行车专用道路或禁车的步行街（区）。在城市滨水空间和公园绿地中应设置步行专用路和自行车专用路，以方便居民休闲、健身和出行。

3. 步行和自行车网络布局应与城市公共空间节点、公共交通车站等吸引点紧密衔接，步行网络应与目的地直接连通，自行车停车设施应尽可能靠近目的地设置，以提高效率和方便使用。

4. 应特别注意步行和自行车系统的无障碍设计，以方便老人、儿童及残障人士出行。

（四）城市步行和自行车交通系统规划设计应遵循舒适性原则

1. 在道路新建、改造和其他相关建设项目过程中，应保证步行和自行车通行空间和环境品质，保障系统舒适性，增强吸引力。

2. 除满足基本通行需求外，应结合不同城市分区特点，结合周围建筑景观，建设完善的林荫绿化、照明排水、街道家具、易于识别的标志及无障碍等配套设施，尽量提供遮阳遮雨设施，提高舒适程度和服务水平。

3. 应与城市景观、绿地、旅游系统相结合，将步行道和自行车道与城市景观廊道、绿色生态廊道、休闲旅游热线合并设置，尽可能地串联城市重要景观节点和公共开敞空间，提升整体环境品质。

4. 在兼顾经济实用的前提下，应考虑地面铺装、植物配植、照明、标识及城市家具的美观性，力求体现当地环境特色，彰显地方文化特质。

（五）城市步行和自行车交通系统规划设计还应注意以下问题

1. 应着重处理好步行和自行车交通系统与公共交通系统的衔接，优化换乘环境，密切车站与目的地的联系，形成贯通一体的出行链，拓展公共交通覆盖范围，增强公共交通的吸引力。

2. 市政设施、管线应结合绿化带、设施带布置，并考虑与周边环境的适应和协调，不得影响行人和自行车通行。

3. 公共服务设施应结合沿线区域的需求进行设置，并考虑与周边建筑已有服务设施整合，避免重复，不得影响行人通行的安全与顺畅。

4.核心商业区、活动聚集区、广场等行人流量较大的区域，应适当提高步行和自行车交通设施标准，满足行人通行和休憩要求。

（六）城市绿道系统规划设计应符合以下规定，并参照各地相关规范标准

1.城市绿道应结合城市水体、山体布置，并尽可能延伸到城市中心，与城市公园、绿地、公共空间相互贯通，连线成网，丰富和补充自行车交通系统，为步行和自行车出行和休闲提供良好的空间环境。

2.城市绿道除休憩健身功能外，在中心城区应同时考虑交通功能，如设置最短路径的自行车道，并与城市道路相连通，使城市绿道系统与城市步行和自行车交通系统有效衔接。

3.城市绿道应在铺装、街道家具、绿化景观、指示标识等方面满足步行和自行车交通的需求。

4.城市绿道中涉及步行和自行车交通的内容，应参照本导则中步行专用路和自行车专用路相关条款。

（七）山地城市及《建筑气候区划标准》（GB50178-93）中的严寒地区城市，自行车交通系统的规划建设标准可适当调整，鼓励通过设计创新克服不利环境因素。

（八）本导则中的自行车系指普通人力自行车，电动自行车的规划设计也可参照使用。电动自行车在非机动车道内行驶时，应按人力自行车速度行驶，最高速度不得超过 15 千米 / 小时。应加强对电动自行车的管理，引导居民合理使用符合国家标准的电动自行车。

第三节　步行网络规划

一、一般规定

1.步行网络由各类步行道路和过街设施构成，步行道路可分为步行道、步行专用路两类。

2.步行道指沿城市道路两侧布置的步行通道。

3.步行专用路主要包括如下类型的道路或通道空间：

（1）空间上独立于城市道路的步行专用通道，如公园、广场、景区内的步行通道，滨海、滨河、环山的步行专用通道和专供步行通行的绿道。

（2）建筑物及其他城市设施间相连接的立体步行系统。

（3）通过管理手段、铺装差异等措施禁止（或分时段禁止）除步行外的交通方式通行的各类通道，如商业步行街、历史文化步行街等。

（4）横断面或坡降设置上不具备机动车通行条件，但步行可以通行的各类通道，如横断面较窄的胡同、街坊路、小区路等。

（5）其他形式的步行专用通道。

4. 公园、景区内的步行专用通道为城市步行专用路的重要组成部分，应向社会开放。如现阶段确需封闭管理的，应预留远期开放的可能性。

5. 步行网络规划中应明确步行交通应承担的功能，明确步行分区及步行道路分级。

6. 山地城市应充分利用山地地形，布设独立于城市道路网络的便捷的步道网络，如山城步道、步行隧道或立体步行系统等，并加强标识引导。

二、步行分区

1. 步行分区的主要目的是体现城市不同区域之间的步行交通特征差异，确定相应的发展策略和政策，提出差异化的规划设计要求。

2. 步行分区方法应结合步行系统规划发展目标，重点考虑步行交通聚集程度、地区功能定位、公共服务设施分布、交通设施条件等因素确定。各城市可根据具体情况确定分区类别与原则。

3. 步行分区一般可划分为三类：

（1）步行Ⅰ类区：步行活动密集程度高，须赋予步行交通方式最高优先权的区域。应覆盖但不限于：人流密集的城市中心区；大型公共设施周边（如大型医院、剧场、展馆）；主要交通枢纽（如火车站、轨道车站、公共交通枢纽）；城市核心功能区（如核心商业区、中心商务区和政务区）；市民活动聚集区（如滨海、滨河、公园、广场）等。

（2）步行Ⅱ类区：步行活动密集程度较高，步行优先兼顾其他交通方式的区域。应覆盖但不限于：人流较为密集的城市副中心；中等规模公共设施周边（如中小型医院、社区服务设施）；城市一般功能区（如一般性商业区、政务区、大型居住区）等。

（3）步行Ⅲ类区：步行活动聚集程度较弱，满足步行交通需求，给予步行交通基本保障的区域。主要覆盖上两类区域以外的地区。

4. 步行Ⅰ类区应单独进行专项步行交通设计，建设高品质步行设施和环境，并通过有效的交通管制措施，合理地组织机动车交通和停车设施，鼓励设置行人专用区，创造步行优先的街区。

5. 步行Ⅰ类区内大型商业、办公、公共服务设施集中的区域可根据实际需要，建立高效连通和多功能化的立体步行系统，将地面步行道、行人过街设施和公共交通、公共开放空间、建筑公共活动空间等设施有机连接，形成系统化的步行网络。

6.步行Ⅰ类区应采取严格的交通管制措施，积极实行交通稳静化，主干路以下道路机动车应限速行驶，主、次干路严禁路边停车。

7.步行Ⅱ、Ⅲ类区域应重点协调步行与其他方式的关系，保障步行的基本路权，以及安全、连续、方便的基本要求，在人行道宽度、步行网络密度、过街设施间距与形式等方面体现不同分区的差异性。

三、步行道路分级

1.步行道路分级的主要目的是明确不同类型步行道路的功能和作用，体现步行道路级别与传统城市道路级别之间的差异性和关联性，并提出差别化的规划设计要求。

2.步行道路级别主要由其在城市步行系统中的作用和定位决定，考虑现状及预测的步行交通特征、所在步行分区、城市道路等级、周边建筑和环境、城市公共生活品质等要素综合确定。

3.沿城市道路两侧布置的步行道，可分为三级：

（1）一级步行道：人流量很大，街道界面活跃度较高，是步行网络的重要构成部分。

主要分布在城市中心区、重要公共设施周边、主要交通枢纽、城市核心功能区、市民活动聚集区等地区的生活性主干路，人流量较大的次干路，断面条件较好、人流活动密集的支路，以及沿线土地使用强度较高的快速路辅路上。

（2）二级步行道：人流量较大，街道界面较为友好，是步行网络的主要组成部分。主要分布在城市副中心、中等规模公共设施周边、城市一般功能区（如一般性商业区、政务区、大型居住区）等地区的次干路和支路上。

（3）三级步行道：以步行直接通过为主，街道界面活跃度较低，人流量较小，步行活动成分多为简单穿越，与两侧建筑联系不大，是步行网络的延伸和补充。

主要分布在以交通性为主，沿线土地使用强度较低的快速路辅路、主干路，以及城市外围地区、工业区等人流活动较少的各类道路上。

4.步行道路的隔离方式应综合考虑步行道路是否专用、道路横断面宽度、机动车车速与流量、两侧建筑环境等要素，并符合以下规定：

（1）步行专用路应采取有效的管理措施禁止机动车进入，允许自行车通行的应采取隔离措施。

（2）步行道应和相邻的机动车或自行车道物理隔离，可采取绿化带隔离、设施带隔离、高差隔离等。

（3）应避免步行道与自行车道共板设置，以保障行人安全。

5.步行专用路的宽度应根据步行流量、承担功能、两侧用地性质等因素综合确定。

6.在城市道路横断面设计时，应按照《城市道路工程设计规范》（CJJ37—2012）的规定，将路侧带划分为人行道和绿化带、设施带，并明确给出各部分宽度。

四、过街设施布局

1. 过街设施包括交叉口平面过街、路段平面过街和立体过街。一般情况下应优先采用平面过街方式。

2. 居住、商业等步行密集地区的过街设施间距不应大于 250m，步行活动较少地区的过街设施间距不宜大于 400m。

3. 重点公共设施出入口与周边过街设施间距宜满足下列要求 4：

（1）过街设施距公交站及轨道站出入口不宜大于 30m，最大不应大于 50m；

（2）学校、幼儿园、医院、养老院等门前应设置人行过街设施，过街设施距单位门口距离不宜大于 30m，不应大于 80m；

（3）过街设施距居住区、大型商业设施公共活动中心的出入口不宜大于 50m，不应大于 100m。

4. 跨越城市快速路主路时应设置立体过街设施，以下情况可优先采用立体过街方式，并应与周边建筑出入口整合考虑：

（1）高密度人流集散点附近且机动车流量较大区域，如大型多层商业建筑、轨道车站、快速公交（BRT）车站、交通枢纽、大型文体场馆、学校等周边地区；

（2）曾经发生过重特大道路交通事故的地点，且在分析事故成因基础上认为确有必要设置立体过街的。

五、立体步行系统

1. 立体步行系统指将平面步行系统与空中步行系统、地下步行系统进行网络化整合，把各类步行交通组织到地上、地面和地下三个不同平面中，实现建筑之间、建筑与轨道车站之间以及与道路空间内部便捷联系的步行系统。

2. 设置立体步行系统时，应同时保证地面步行和自行车空间的连续性，并结合人行天桥、人行地道等设施，有效衔接立体与地面步行空间。

3. 空中步行系统应与地上轨道交通车站，以及建筑的商业娱乐、观光休憩、入口广场和共享平台等功能空间结合设置。

4. 地下步行系统应与地下轨道交通车站、地下停车库、地下人防设施等紧密衔接，共享通道和出入口。

5. 设置立体步行系统时，应建立投资、建设、运营、维护的协调保障机制，确保立体步行系统安全、连续、整洁、有序运行。

第四节　步行空间设计

一、步行道横断面

1.步行道横断面设计应结合城市区位、功能定位和路侧用地属性，兼顾行人通行和停留需求。应妥善协调步行道与自行车道、路侧停车的关系。

2.步行道横断面可划分为人行道、绿化带或设施带，以及建筑前区。各分区应保证连续，避免分区间发生重叠或冲突。

（1）除不设辅路的快速路外，城市各等级道路应设置人行道。

（2）设施带或绿化带的宽度不得小于0.5m，有行道树的不得小于1.5m。

（3）当行道树池上铺设有与人行道共面的透水材料时，行道树设施带的1/2宽度可计入人行道宽度。

（4）改建路段若受实际条件限制，步行道宽度可适当调整，但不得小于原有宽度。应优先保证人行道宽度及其连续性。

3.步行专用路

（1）步行专用路应保持适宜的街道空间尺度，道路空间宽度与道路空间两侧围合物（建筑或绿化）高度的比值宜为1:1 ~ 1:1.57。

（2）步行街的设计应符合下列规定：

①步行街的规模应适应各重要吸引点的合理步行距离，步行街长度不宜超过800m。

②步行街的宽度可设为10m ~ 15m，其间可配置小型广场，步行道路和广场的面积，可按每平方米容纳0.8 ~ 1.0人计算。

③步行街与两侧道路的距离不宜大于200m，步行街进出口距公共交通停靠站的距离不宜大于60m。

④步行街附近应有一定规模的自行车停车场，且自行车停车场距步行街进出口的距离不宜大于50m。

⑤步行街应满足消防车、救护车、送货车和清扫车等的通行要求。

4.除城市快速路主路以外，一般情况下应优先采用平面过街方式，视过街行人与道路机动车流量大小，可分别采用信号灯管制或行人优先的人行横道。

（1）交叉口平面过街和路段平面过街应保持路面平整连续、无障碍物，遇高差应做缓坡处理。

（2）应尽量遵循行人过街期望的最短路线布置人行横道等设施。人行横道线较宽时，应设置阻车桩防止机动车进入或借道行驶，以保护行人安全。

（3）具有两条及以上车道的道路，机动车停止线距离人行横道线不宜小于3m，以提升外侧机动车道视野、减少交通信号交替时可能导致的行人与机动车冲突。

（4）对于行人过街需求较高的交叉口平面过街以及城市生活性道路上的路段平面过街，可采用彩色人行横道、不同路面材质的人行横道或抬高人行横道（抬高交叉口）来区分和提示过街区域。

（5）应尽量减少或妥善解决交叉口渠化或拓宽给行人过街造成的不便。确需对交叉口渠化或拓宽时，一条进口车道宽度可取2.8m～3.0m，不宜大于3.25m。

（6）在设置机动车右转安全岛时，应采取机动车减速、标志标线等提示措施减弱过街行人和右转机动车的冲突，保障行人过街安全。

（7）当人行横道长度大于16m时（不包括非机动车道），应在分隔带或道路中心线附近的人行横道处设置行人过街安全岛，安全岛宽度不应小于2.0m，困难情况下不应小于1.5m。

（8）行人过街绿灯信号相位间隔不宜超过70秒10，不得大于120秒。鼓励行人过街与机动车右转的信号相位分离设置，并实行行人过街信号优先。

（9）立体过街应设置适合自行车推行及为残障人群使用的坡道，有条件的应安装电梯、自动扶梯。宜与周边建筑、公交车站、轨道车站出入口以及地下空间整合设置，形成连续、贯通的步行系统。

（10）环岛的交通组织应优先保障行人过街的安全，环岛各相连道路入口处应设置人行横道，行人过街需求较大的应设置行人过街信号灯，并与机动车信号灯相协调。

5. 交叉口转角空间

（1）无自行车道的交叉口转角路缘石转弯半径不宜大于10m，有自行车道的路缘石转弯半径可采用5m，采取较小路缘石转弯半径的交叉口应配套设置必要的限速标识或其他交通稳静化措施。

（2）交叉口转角路缘石应做缓坡处理，坡面宽度大于2.0m时应设置阻车桩，以防止机动车进入，保护行人安全。

（3）交叉口转角空间设置交通设施、绿化和街道家具时不应影响行人通行和机动车视距。视距三角形限界内，不得布设任何高出道路平面标高1.0m且影响驾驶员视线的物体。

二、步行环境设计

（一）路面铺装

1. 步行路面铺装应平整，并保证排水坡度。高差变化时应采用缓坡处理，不应采用台阶踏步形式。

2. 铺装应采用透水性、防滑、舒适、耐久、经济的材料。

3. 在步行道起止点、转折处、分岔处等行人决策点，可变换路面铺装的材质、色彩或铺排方式，以示区分。

（二）街道家具

1. 街道家具泛指在步行道内为各类使用需求而设置的设施。街道家具应舒适、耐久、实用、易于维护，宜统一风格、有识别性，并与周边建筑和环境相协调。

2. 街道家具应布置在设施带、绿化带或建筑前区内，避免占用人行道或阻碍通行。市政及其附属设施宜结合绿化带设置，并采取安全防护措施。

3. 座椅、遮蔽设施和公共艺术是提升步行环境品质的重要元素，其设计应符合以下规定：

（1）座椅应结合公交站点、公共建筑出入口、绿道等人流量较大的路段和场所布置，宜使用木材设置靠背和扶手，并通过设计或材料达到透水、宜干的效果。

（2）遮蔽设施包括建筑挑檐、独立构筑物和骑楼等。鼓励在重点步行片区内形成连续、有效、美观的遮蔽设施系统，以遮阴为主要功能的宜结合乔木绿化一体化设置。

（3）公共艺术应与周边环境的空间尺度相协调。鼓励公共艺术与街道家具一体化设计，以提升街道或区域的特色。

4. 照明是保证步行环境安全的重要元素，路灯的间距和照度应保证夜间安全，并避免光污染。安全问题突出的重点区域应加强照明，宜采用节能灯具，并使用暖色调光源。

（三）绿化

1. 绿化是步行系统重要的组成部分，可采用乔木、灌木、地被植物相结合的设计，竖向宜与道路排水设计相协调，实现雨水的资源化利用。

2. 应优先采用乔木绿化，发挥其遮阴功能，并与座椅、自行车停车设施等街道家具结合设置，方便人们等候、停留和活动。

3. 行道树绿化宜采用平树池形式，即树池缘石与人行道的地面铺装平齐，可上置盖板，方便行人借用通行。

4. 当城市生活性道路的绿化带采用灌木绿化或草坪绿化时，不应长距离连续设置，避免对行人灵活穿越造成阻隔。

5. 应优先选用适宜本地、生长快、树冠分散、高度适宜、无毒无害的绿化植物。不得滥用名贵树种。避免选择根系过于发达的树种，以免损害市政设施。

6. 被人行横道或道路出入口断开的分车绿带端部，苗木设置高度应在 0.9m 以下，控制长度范围应满足停车视距要求，以保证行人和车辆的视线通透。

（四）指示标识

1. 指示标识应为行人和骑车人提供连续、有效、充足的指路服务信息，宜通过与其他街道家具的整合设计构建统一、完整的系统。

2. 指示标识应设置在行人决策点的醒目位置。城市的主要吸引点、公交和轨道车站应设置区域引导图和指示牌。指示牌指引信息的高度不宜大于 2.5m。

3. 非路面喷涂的指示标识应设置在设施带内，条件不足的可设置在绿化带内，以避免妨碍行人和自行车通行。

4. 鼓励指示标识的信息智能化，以满足指示路况、停车空位、交通事故、交通管控和天气等信息的时效性要求。

（五）街道界面

1. 建筑贴线率是指建筑贴近建筑界面控制线建设的比例。宜通过底层建筑界面控制线和建筑贴线率进行街道界面控制，以加强街道、广场等公共空间的整体性和沿街界面的丰富性和活跃程度。

2. 对于步行重点片区和生活性道路，底层建筑界面控制线退让红线距离不宜大于 10m，建筑贴线率不宜小于 70%。

3. 建筑前区内宜布置街道家具和绿化遮阴，不应设置机动车停车位。

4. 沿街建筑底层宜作为商业、文化、娱乐等用途使用，并采用小尺度、通透和开敞的设计形式，以提升街道活力。一般应避免设置大面积、连续的围墙或栅栏。

5. 对于长期施工造成的消极街道界面，宜对围挡进行美化和人性化设计。

三、自行车网络规划

（一）一般规定

1. 自行车网络由各类自行车道路构成，可分为自行车道和自行车专用路两类。

2. 自行车道指沿城市道路两侧布置的自行车道。

3. 自行车专用路主要包括以下类型道路或通道空间：

（1）公园、广场、景区内的自行车通道，滨海、滨水、环山的自行车专用通道和自行车绿道等；

（2）通过管理手段、铺装差异等措施禁止（或分时段禁止）除自行车和步行之外的交通方式通行的各类道路，允许自行车通行的步行街（区）等；

（3）不具备机动车通行条件、但自行车可以通行的各类通道，如较窄的胡同、街坊路、小区路等；

（4）其他形式的自行车专用通道。

4. 自行车网络规划应明确自行车交通应承担的功能，明确自行车交通分区及自行车道路分级。

（二）自行车交通分区

1. 自行车交通分区的主要目的是体现城市不同区域的自行车交通特征差异，明确不同分区的自行车交通发展政策，根据分区内自行车交通出行特征的不同，提出差异化的规划设计要求。

2. 自行车交通分区方法应结合城市自行车系统的发展定位，重点考虑现状和规划的土地使用情况、城市空间布局、大型公共设施分布、地形地貌、天气气候等要素，各城市可根据具体情况确定分区类别与原则。

3. 自行车交通分区一般可划分为三类：

（1）自行车 I 类区：优先考虑自行车出行的区域，自行车道路网络密度高，自行车系统设施完善。应覆盖但不限于城市中心区、重要公共设施周边、主要交通枢纽、城市核心商业区和政务区，以及滨海、滨水、公园、广场等市民聚集区等。

（2）自行车 II 类区：兼顾自行车和机动车出行的区域，自行车道路网络密度较高，配置一定自行车专用设施。应覆盖但不限于城市副中心、中等规模公共设施周边、城市一般性商业区和政务区，以及大型居住区。

（3）自行车 III 类区：对自行车出行予以基本保障的区域。主要包括上两类自行车交通分区以外的地区。

4. 不同自行车交通分区的自行车道路网络密度和平均间距应满足表 5-1 的规定。对于城市建成区，自行车道路密度偏低的分区宜加强自行车专用路建设。

表 5-1　不同自行车交通分区的自行车道路网络密度和平均间距表

自行车交通分区	自行车道路密度	自行车道路平均间距
I 类区	12~18km/km² 其中自行车专用路的密度不低于 2km/km²	110~170m 其中自行车专用路的间距不大于 1km
II 类区	8~12km/km²	170~250m
III 类区	5~8km/km²	250~400m

（三）自行车道路分级

1.自行车道路分级的主要目的是明确不同道路的自行车功能和作用，体现自行车道路级别与传统城市道路级别之间的差异性和关联性，并提出差异化的规划设计要求。

2.自行车道级别主要由其在城市自行车交通系统中的作用和定位决定。考虑现状及预测的自行车交通特征、所在自行车交通分区、城市道路等级、周边建筑和环境等要素综合确定。

3.沿城市道路两侧布置的自行车道，可分为三级：

（1）一级自行车道：以满足城市相邻功能组团间或组团内部较长距离的通勤联络功能为主，自行车流量很大，同时承担通勤联络、到发集散、服务周边等多种复合型功能，是自行车网络的骨干通道。主要分布在城市相邻功能组团之间和组团内部通行条件较好，市民通勤联络的主要通道上，以生活性主干路、两侧开发强度较高的快速路辅路、和自行车流量较大的次干路为主。

（2）二级自行车道：以服务两侧用地建筑为主，自行车流量较大，自行车交通行为以周边地块的到发集散为主，与两侧建筑联系紧密，但中长距离通过性自行车交通比例较小，是自行车网络的重要组成部分。主要分布在城市主（副）中心区、各类公共设施周边、交通枢纽、大中型居住区、市民活动聚集区等地区的次干路以及支路。

（3）三级自行车道：功能以直接通过为主，自行车流量较小，以通过性的自行车交通为主，与两侧建筑联系不大，是自行车网络的延伸和补充。主要分布在两侧开发强度不高的快速路辅路、交通性主干路，以及城市外围地区、工业区等人流活动较少的地区的各类道路。

4.自行车道的宽度和隔离方式应综合考虑自行车道等级及其所在自行车交通分区，且符合表5-2的规定。一般情况下，I类区的各级自行车道宽度取上限值，II类区取中间值，III类区取下限值。

表5-2　自行车道的宽度和隔离方式

自行车道等级	自行车道宽度	隔离方式
自行车专用路	单向通行不宜小于3.5，双向通行不宜小于4.5	应严格物理隔离，并采取有效的管理措施禁止机动车进入和停放
一级	3.5～6.0	应采用物理隔离
二级	3.0～5.0	应采用物理隔离
三级	2.5～3.5	主干路、次干路应采用物理隔离，支路宜采用非连续物理隔离

（四）自行车停车设施布局

1.自行车停车设施包括建筑物配建自行车停车场、路侧自行车停车场和路外自行车停车场。建筑物配建自行车停车场是自行车停车设施的主体。

2.应明确规定建筑物自行车停车配建指标，新建住宅小区和建筑面积2万平方米以上的公共建筑必须配建永久性自行车停车场（库），并与建筑物同步规划、同步建设、同步投入使用。

3.路侧自行车停车场应按照小规模、高密度的原则进行设置，服务半径不宜大于50m。

4.轨道车站、交通枢纽、名胜古迹和公园、广场等周边应设置路外自行车停车场，服务半径不宜大于100m，以方便自行车驻车换乘或抵达。

5.对于建筑工程在地块内设置公共自行车停车场的，可适当折减建筑物自行车停车配建指标。

四、自行车空间与环境设计

（一）自行车道宽度

1.除快速路主路外，城市各等级城市道路应设置自行车道。应综合考虑城市道路等级和自行车道功能分级，设定自行车道宽度。新建道路的自行车道宽度应符合表5-3中的数值。

表5-3　新建道路的自行车道宽度表

城市道路等级 ＼ 自行车道等级	一级	二级	三级
快速路（辅路）	3.5～4.5	3.0～3.5	2.5～3.0
主干路	4.0～6.0	3.5～5.0	2.5～3.5
次干路	4.0～5.5	3.5～4.5	2.5～3.5
支路	3.5～5.0	3.0～3.5	2.5～3.0
自行车专用路	≥ 3.5（单向），≥4.5（双向）		

2.改建路段受实际条件限制时，自行车道宽度可在表5.4.3的基础上适当调整，但不得小于原有自行车道的宽度。

（二）自行车道隔离形式

1.城市主、次干路和快速路辅路的自行车道，应采用机非物理隔离。城市支路上的自行车道，可采用非连续式物理隔离。

（1）机非物理隔离形式包括绿化带、设施带和隔离栏，条件允许时应采用绿化带或设施带。

（2）城市支路采用非连续式物理隔离时，间隔距离不宜过大，这样既方便行人和自行车灵活过街，又防止机动车驶入自行车道。

（3）非物理隔离形式包括自行车道彩色铺装、彩色喷涂和画线，确需采用时应有明确的自行车引导标志。

2. 自行车道与步行道应分开隔离设置，自行车道应设置于车行道两侧，以保证行人安全。

3. 在宽度大于3m的自行车道入口处，应设置阻车桩，以阻止机动车驶入自行车道。阻车桩宜选用反光材料，以确保安全醒目。

4. 当上下游路段自行车道的隔离形式不一致时，应注意路口处的衔接引导，以方便骑车人快速识别、规范行为。

5. 当受条件限制时，可在交叉口附近路段局部设置机非物理隔离，以保证交叉口自行车通行的安全与秩序。

（三）自行车过街带

1. 自行车过街带应尽量遵循骑车人过街期望的最短路线布置。

2. 自行车过街带宜采用彩色铺装或喷涂，并设置醒目的自行车引导标志。

3. 鼓励自行车过街与机动车右转信号相位分离设置，并对自行车过街信号实行优先。

4. 鼓励将交叉口处的自行车停止线靠近交叉口设置；自行车有单独信号控制且实施信号优先的，可将自行车停止线布置在机动车停止线之前。

五、自行车停车设施设计

（一）设施选址

1. 自行车停车设施的选址应设置在便捷醒目地点，并尽可能接近目的地。

2. 建筑物配建停车场应在建筑物的人行出入口就近设置。

3. 轨道车站、交通枢纽等应在各出入口分别设置路外自行车停车场，距离不应大于30m。

4. 路侧自行车停车场应在设施带或绿化带划定专门用地设置，不得占用人行道，以防止阻碍行人通行。空间不足的，可采用斜向停车方式，以节省停车空间。

（二）设置规模

1. 对于新建居住区和公共建筑的自行车停车场，其规模须严格遵照本地规划技术管理规定等相关配建指标设定。

2. 单层自行车停车场的用地面积为自行车停放面积加上必要的通行空间。单位自行车的停车用地面积（含通行空间）宜取 1.5 ～ 2.2m²/ 车。

3. 轨道车站、重要交通枢纽、城市大型综合体等设施周边的换乘自行车场地，平面设置时，其用地指标应考虑设施的预测高峰时段客流人次、客流使用自行车的目标分担率和自行车的单位停车用地面积综合测算。立体停车场的用地面积可相应折减。

4. 对于建成区自行车公共停车场，其规模应根据所服务的建筑或区域的日平均高峰吸引车次、平均停放时间及不均衡系数确定。

（三）设置形式

1. 结合自行车停车设施的设施带、绿化带或建筑前区宽度取 2.0 ～ 2.5m。斜向放置的，可为 1.5m。

2. 自行车停车场宜采取地面形式。因场地限制确需设置立体停车设施时，设施不宜超过两层。

3. 自行车停车场应有清晰、明确的停车场标识，引导骑车者正确停放，减少乱停乱放对行人和机动车的影响。

4. 自行车停车场设置应遵循安全、方便和节地的原则，以提供舒适的停车环境，突出人性化服务，其设计应符合以下规定：

（1）自行车停车场出入口不宜少于 2 个，出入口宽度宜为 2.5 ～ 3.5m；

（2）人行道自行车停放亭（点）应当与行人通道、车辆出入口及相邻设施保持必要的安全距离；

（3）应选用节约空间、坚固美观、不易导致车辆损坏的自行车存车支架；

（4）应有充分的照明条件，有条件的应设置雨棚；

（5）鼓励在附近增设车辆维修点等便民设施。

六、公共自行车系统

（一）一般规定

1. 公共自行车系统主要服务于中短距离通勤、公共交通出行最后一公里及休闲、旅游、健身等功能。

2. 公共自行车系统是一种公共服务，是城市公共交通系统的重要补充，在规划、建设、运营、定价上应充分考虑其公益性的属性。

（二）系统组成

1. 公共自行车系统是一种自行车共享机制，应具备使用方便、使用成本低、面向大众、公益性的特点。系统组成包括车辆、使用凭证 / 介质、租赁点、维修点 / 中心、管理站和客户服务终端、调度车辆、调度控制中心等。

2.公共自行车车辆的外观、结构和材质等应采取个性化设计，以便于运营、管理和维护。

3.公共自行车系统的使用凭证或介质宜采用信息集成程度高的 IC 卡等电子媒介，宜采用与公交卡、银行卡、手机电子钱包等兼容的付费系统。

4.公共自行车租赁点应配备车辆止锁装置、自助服务终端、必要的电源、照明、通信设备以及信息服务设施。宜加装安全监控设备，并就近设置饮水、售卖亭等设施。

5.为保证系统的正常运营和效率，应配备实时监控调度系统、调度控制中心、调度车辆和流动维修人员，并设置维修点。调度车辆应采用清洁能源汽车。

6.调度控制中心应开辟规模适度的专用场所，提供设备和办公人员所需的空间。系统规模较大时，宜划拨专门用地建设设备、办公用房和调度车辆的停放场地。

（三）租赁点布局

1.租赁点应遵循安全高效、可见性好、可达性高、成片成网、规模适度、疏密有致、景观协调的原则布设。

2.租赁点宜采用分区、分类的布设思路。以公共交通站点、大型公共建筑等主要人流集散点为核心，依据节点的辐射半径逐层推进、深入出行终端进行布设。

3.综合考虑公共自行车租车人理想的步行距离及所服务腹地的人口密度等因素，租赁点间距宜为 200 ~ 500m，平均间距推荐取 300m；服务半径为 100 ~ 250m，平均服务半径推荐取 150m；租赁点密度为 4 ~ 25 个 / 平方公里，平均密度推荐取 11 个 / 平方公里。

4.公共自行车租赁点应在居住小区、公共建筑、轨道车站等服务对象的出入口就近布置，距离不宜超过 30m；有多个出入口时，宜在各出入口分别布置。

5.租赁点宜根据所服务区域人流的集散方向，在单点较大规模集中布置，或者在相近的多点小规模分散布置；条件允许时，宜优先采用近距离分散布置模式。

6.在保证人行道不小于所给定的下限值时，可以利用步行道空间设置公共自行车停车位。

（四）设置规模

1.在具备详细的出行起讫点（OD）调查数据的情况下，宜综合考虑交通小区的出发量和到达量估算布点规模。在没有出行数据的情况下，可以根据服务半径内的建筑量、建筑性质和自行车使用情况综合确定。宜先开展小规模测试，再分步扩大布设规模。

2.一般情况下，每个租赁点的存车位数量应适当大于自行车的数量，建议公共自行车的数量为存车位数量的 60% ~ 80%。对大规模集中布置的租赁点可结合空间条件就近设置与存车位分离的、用于车辆临时集中存放的场所。

3. 单个租赁点的规模应结合所处地段的需求调研和经验判断综合确定，并保留一定的弹性空间。

（五）设置形式

1. 租赁点可分为固定式和移动式。运营初期需求规模难以确定时，可采用移动式租赁点，以方便后续根据实际情况灵活调整。

2. 租赁点自行车的存放方式可分为直列式或斜列式。直列式存车位的间距一般不小于60cm，斜列式存车位的间距可适当缩小。

3. 规模较大的租赁点宜设置人工服务站，提供会员办理和取消、付费、退费、结算、问询、实时故障处理等服务。

七、步行和自行车与公共交通的结合

（一）规划设计原则

1. 轨道车站和公交换乘枢纽周边600m范围内是步行直接吸引区，应保障步行的优先通行，采取各种措施满足乘客直达站点需求，重点在出入口布局、过街设施、自行车接驳设施、标识系统等方面进行优化设计。

2. 一般公交场站和站点应结合类型等级、周边用地特征，因地制宜地采用有效措施，实现步行、自行车和公交系统便捷衔接，重点在过街设施、自行车接驳设施、通道与站台宽度、标识系统等方面进行优化设计。

3. 公共交通场站配建的步行和自行车设施应与周边道路及临近的居住区、商业区、集散广场、游憩集会广场等设施紧密衔接，构成一个完整的步行和自行车系统。公共交通枢纽处的人行天桥、人行地道宜与两侧建筑物或地下空间直接衔接。

4. 公共交通系统的步行设施应有利于乘客集散，并应方便与其他交通换乘，各公共交通方式换乘距离应符合相关标准的规定。

（二）出入口及过街设施

1. 轨道车站应增加出入口数量。出入口应与车站周边的主要建筑物等客流吸引点直接联系，与人行天桥、人行地道等立体过街设施结合设置，并应满足进出站客流和应急情况下快速疏散的需要。

2. 快速公交车站和路中式常规公交车站应优先考虑在交叉口设站，利用交叉口平面行人过街设施，结合交通信号控制，解决车站乘客过街需求。当采用平面过街不能保证乘客过街安全时，可设置立体过街设施衔接车站与道路两侧步行系统。

3. 为公交站设置的平面过街设施应和路段过街设施统一规划设计，位置间距与具体设计应满足相应设置的要求。设置平面过街设施应同时考虑服务道路两侧的公交站，并设置相应的标志标线。如公交站客流量较大，宜加设信号控制。

4. 公交车站立体过街设施应与周边建筑结合设置，其宽度应根据客流量确定。立体过街设施出入口不宜占用人行道通行空间，特殊困难处，人行道通行空间至少应保留 1.5m 宽度，并在出入口预留人流集散空间。设置立体过街设施时应同时设置相关隔离设施避免乘客横穿机动车道。

5. 路侧式常规公交车站和快速公交车站与自行车道相邻时，应设置人行横道，方便行人进出车站，并采用背后绕行的方式设置自行车道；受条件限制不能设置绕行的，应在外侧机动车道施划自行车优先标志。

（三）通道及站台宽度

1. 轨道车站步行通道、人行楼梯的宽度应与通行能力互相匹配，宜根据预测的通行量计算，并应符合相关设计规定。

2. 快速公交车站应根据车站类型确定最小宽度，路中式快速公交车站最小宽度应不小于 5m，路侧式快速公交车站最小宽度应不小于 3m。

3. 常规公交车站站台宽度不宜小于 2.5m，当条件受限时，站台宽度不应小于 2.0m，高度宜为 0.15 ~ 0.2m。

（四）标识系统

1. 公共交通设施的标识系统是步行和自行车标识系统的一部分，主要可分为导向标志、安全标志、位置标志和无障碍标志等。标识设置应适合行人观察，易于识别。

2. 导向标识包括站外导向标识和站内导向标志。导向标识设置应符合以下规定：

（1）站外导向标识的主要作用为指示车站位置和距离。各类公共交通设施周边均应设置站外导向标志，轨道交通 / 快速公交系统站外导向标志应包括箭头和轨道交通 / 快速公交车站位置标志；宜包括线路名称及线路标志色和车站名称。标志宜设置在人流密集的地点如建筑物出入口、商业设施、道路交叉口等附近。

（2）轨道车站周边的站外导向标识设置范围为 500m 左右，在车站周边 200m 范围内的导向标志应设夜间照明设施。快速公交车站为 300m 左右，常规公交车站为 200m 左右。在此范围内的站外导向标志应连续设置，并在车站出入口醒目位置设置车站位置标志。

（3）轨道交通和快速公交系统站内应设置站内导向标志。进站导向标志应设置在乘客通往站台通行区域的相应位置，出站导向标志应设置在站台通往出入口通行区域的相应位置。当通行行程大于 30m 时，可重复设置。

3. 安全标志用于表达特定安全信息，包括禁止标志、警告标志、提示标志和消防安全标志。安全标志的图形符号、标志形状、颜色和设置要求应符合相关标准的规定。

4. 位置标志用于标明服务设施或服务功能所在位置，包括车站位置标志、客运服务设施位置标志、站台站名位置标志。位置标志应符合以下规定：

（1）车站位置标志应设置在车站出入口的醒目位置；

（2）客运服务设施位置标志应设置在自动售票机、自动查询机、自动充值机、卫生间、乘客服务中心、升降机、警务室、公共电话等服务设施的上方或附近位置；

（3）站台站名标志应根据站台形式和结构设置在站台的上方、侧墙、站住等位置。

5.无障碍标志用于为轮椅使用者、视觉障碍者提供导向、位置、综合信息服务，包括无障碍设施导向标志、无障碍设施位置标志和视觉障碍者标志。无障碍标志设置应符合以下规定：

（1）无障碍设施导向标志应设置在通往无障碍设施的通行区域的相应位置；

（2）无障碍设施位置标志应设置在无障碍设施的上方等相应位置；

（3）车站出入口至站台候车处应连续铺设用于引导视觉障碍者步行的盲道；合理设置行进盲道和提升盲道。同类公共交通设施的视觉障碍者专用标志的位置应尽可能一致，以便于视觉障碍者掌握设置规则，便于发现和使用此标志。

八、步行和自行车与机动车交通的协调

（一）规划设计原则

1.步行和自行车交通应与机动车交通合理分离，以降低人车之间相互干扰，实现各自网络化运行，确保安全有序。同时，应对步行和自行车交通网络和机动车交通网络进行合理衔接，以满足不同出行方式之间转换的需求。

2.城市道路应明确步行和自行车交通与机动车交通的优先级，重视机动车道辅路、交叉口、路侧停车、地块及建筑物机动车出入口等人车冲突区的交通组织，并积极探索交通稳静化措施的本地化应用。

（二）与机动车道的协调

1.辅路上的自行车道应与机动车道实施物理隔离，全线隔离确有困难时，应在靠近交叉口的辅路路段实行机非物理隔离。

2.道路空间不足时，应优先保证人行道和自行车道宽度以及机非物理隔离。可在保证道路横断面各分区最小宽度以及道路绿地率要求的前提下采取弹性设计，并依照下列次序缩减：

（1）中央隔离带及机动车道；

（2）绿化带；

（3）建筑前区；

（4）公交站台或出租车等候点处的设施带；

（5）公交站台以外的设施带。

3.对于现有步行和自行车空间不足的道路，鼓励通过道路改造削减机动车停车位、缩减机动车道或减小交叉口路缘石转弯半径，以优先保障步行和自行车交通系统空间。

（三）与机动车停车的协调

1.严禁机动车停车侵占步行和自行车交通系统空间，特别是人行道、自行车道和建筑前区。

2.在公共停车设施严重缺乏地区、不得不设置路侧停车泊位时，道路横断面宜按照车行道—停车带—机非隔离带—自行车道的顺序依次布置。

3.在单幅路道路的车行道上设置路内停车，应视道路通行条件、车行道宽度等，对路内停车泊位与自行车道进行协调设计。可设置分时段性停车泊位，通过泊位标识规定自行车流量高峰时段禁止停车，其他时段允许停车。

4.对于辅路设置路侧停车泊位或旧城等停车泊位不足且道路资源受限的，可将停车带结合机非隔离带布置。

5.当自行车停车设施不足时，可将机动车路侧停车泊位改造为自行车停车区域。

（四）与机动车出入口的协调

1.机动车出入口处应保持人行道路面水平连续，并为机动车设置起坡过街带，并注意排涝措施的配套。

2.机动车出入口处的人行道应沿机动车行驶轨迹外侧设置阻车桩。

（五）稳静化措施

1.在城市核心商业区和政务区、居住区、高等院校的内部，以及医院、中小学等公共建筑的出入口处，应探索采用稳静化措施，以降低机动车车速，限制车流，减少交通事故，保证行人安全。

2.应因地制宜地选择稳静化措施，如减速带、减速拱、槽化岛、行车道收窄、路口收窄、抬高人行横道、道路中心线偏移、共享街道等。

3.稳静化措施应配合相应的标识和照明设施，保证良好的昼夜可视性。

九、其他要求

（一）无障碍设计

1.步行和自行车交通系统的设计应满足《无障碍设计规范》（GB50763—2012）的要求。

2.在坡道和梯道两侧必须设置连贯的扶手。重点区域应设无障碍双层扶手。

3.人行道路面的盲道铺装应尽量平顺，避免不必要的转折。

4.交叉口和建筑出入口处的人行道应设置缘石坡道，并有盲道提示设施。

5.要求满足轮椅通行需求的人行天桥及地道宜设置坡道，坡道的坡度不应大于1:12，当设置坡道有困难时，应设置无障碍电梯。

6.轨道车站和快速公交车站设置直梯用于运送乘客时，应满足坐轮椅者和盲人的使用要求。无障碍电梯地面入口平台与站外广场地面若有高差时，应设置轮椅坡道。

7.公共交通系统的步行设施应符合无障碍交通的要求。公共交通枢纽出入口宜设无障碍入口和盲文触摸信息牌，可设置声音提示等信息装置；从周边步行设施至公交站台候车处应连续铺设用于引导视觉障碍者步行的盲道；应合理设置行进盲道和提示盲道。

（二）步行助动设施

1.位于机场、火车站、汽车站、码头等客流集中地区的轨道车站，宜设置垂直电梯。当出入口的提升高度大于12m，应设置垂直电梯。

2.轨道车站出入口的提升高度超过6m时，应设上行自动扶梯；超过12m时应考虑上、下均设自动扶梯。站厅与站台间应设上行自动扶梯，高差超过6m时，上、下行均应设自动扶梯。

3.轨道车站两台相对布置的自动扶梯工作点间距不得小于16m；自动扶梯与人行楼梯相对布置时，自动扶梯工作点至楼梯第一级踏步的间距不得小于12m。当两台自动扶梯平行设置时，应设置备用自动扶梯或楼梯，其楼梯宽度不宜小于1.8m。

4.重点步行片区、大型交通枢纽站内宜设置自动步道，以辅助步行、提高舒适度和便捷度。

5.山地城市人流量和高差均较大的路段，可设置单侧自动扶梯。人流量特别大的，宜设置双向电梯。

（三）运营维护

1.行人和骑车者对通行条件的敏感程度要高于机动车，因此步行和自行车设施的维护标准应高于机动车道。应制定运营维护机制、责任分工表以及相关技术导则和标准，并在日常工作中保持部门协调。

2.应对步行道和自行车道开展日常检视维护，以保障日常和特殊天气条件下的出行安全。检视维护应包括路面毁损、道路侵权行为、毁损的市政和排水设施、街道家具、交通信号和标志标线、护栏与安全岛、人行天桥和人行地道、专用路桥梁及隧道、绿植管理、自行车停车设施等。

3.应及时清扫步行道和自行车道上的泥沙、石子、掉落的树枝和杂物，以保障步行和骑行环境的安全、舒适。在冰雪天气，应优先进行冰雪清除。

4.应保障和维护排涝设施，避免内涝和井盖丢失等对行人和自行车出行的危害。

5.在大型展事、赛事等特殊时期，应在行人决策点设置醒目的临时信号、标志及人工引导，并与安保计划协调实施。

6. 当步行和自行车设施受到道路施工或周边地块施工的影响时，应优先保证行人和自行车的安全通行。当确需取消原有人行道或自行车道时，应提供绕道及相应指示标志，并采取清洁、防滑、设置护栏等安全措施。施工结束后，应及时对步行和自行车设施进行全面恢复。

第六章　工程地质勘探

第一节　基础知识

1. 工程地质勘查的目的

工程地质勘查是工程建设的前期准备工作，它是综合运用地质学、工程地质及相关学科的基本理论知识和相应技术方法，在拟建场地及其附近进行调查研究，以获取工程建设场地原始工程地质资料，为工程建设制订技术可行、经济合理和具有明显综合效益的设计和施工方案，达到合理利用自然资源和保护自然环境的目的，以免因工程的兴建而恶化地质环境，甚至引起地质灾害。

根据建设场地明确性与否，工程地质勘查的任务可分为两大类。

一类是具有明确指定建设场地的工程地质勘查任务。这类场地已经做过技术条件、经济效益、资源环境等多方面的综合论证，已经明确建设的具体场地，不需要进行建设场地的方案比选，如三峡工程就在长江三峡地段、上海金茂大厦就在陆家嘴。故这类场地的工程勘察任务主要是：查明建设地区或地点的工程地质条件，如地形、地貌和地层分布情况，同时指出对工程建设有利的和不利的条件，以便工程设计"扬长避短"；测定地基土的物理力学性质指标，如土的天然密度、含水量、孔隙比、渗透系数、压缩系数、抗剪强度、塑性指标、液性指标等，并研究这些指标在工程建设施工和使用期间可能发生的变化及提出有效预防和治理措施的建议。

另一类是需要进行方案比选来确定建设场地的工程地质勘查任务。这类场地还没有具体确定，尚需要进行初步试勘后经过方案比选才能确定，如高速公路的选线、大型桥梁桥位的选址。故这类场地的工程勘察任务主要是：分析研究与建设场地有关的工程地质问题并做出定性与定量评价；选出建设工程地质条件比较合适的工程建筑场地。所谓工程地质条件，是指与工程结构物相关的各种地质条件的综合，主要包括岩石（土）类别、地质结构与构造、地形地貌条件、水文地质条件、物理地质作用或现象（如地震、泥石流、岩溶等）和天然建筑材料等方面。值得一提的是，良好、优越的工程地质条件并不一定是方案最好的建设场地，因为选择这类场地往往以牺牲大片良田沃土为代价。

2. 工程地质勘查阶段

虽然各类建设工程对勘察设计阶段划分的名称不尽相同，但是勘察设计各个阶段的实质内容是大同小异的。工程地质勘查阶段一般分为可行性研究勘察阶段、初步勘察阶段、详细勘察阶段和施工勘察阶段。

（1）可行性研究勘察阶段

可行性研究勘察阶段，主要要满足选址或者确定场地的要求，该阶段应对拟建场地的稳定性和适宜性做出客观评价。为此，在确定拟建工程场地时，若方案允许，宜避开以下区段：①不良地质现象发育且对场地稳定性有直接危害或潜在威胁的地段；②地基土性质严重不良的地段；③不利于抗震的地段；④洪水或地下水对场地有严重不良影响且又难以有效预防和控制的地段；⑤地下有未开采的有价值矿藏的地段；⑥埋藏有重要意义的文物古迹或不稳定的地下采空区的地段。

可行性研究勘察阶段的主要勘察方法是：①对拟建地区进行大、小比例尺工程地质测绘；②进行较多的勘探工作，包括在控制工程点做少量的钻探；③进行较多的室内试验工作，并根据需求进行必要的野外现场试验；④在可能发生不利地质作用的地址进行长期观测工作；⑤进行必要的物探。

（2）初步勘察阶段

初步勘察阶段应对场地内建设地段的稳定性做岩土工程定量分析。本阶段的工程地质勘查工作有：①搜集项目的可行性研究报告、场址地形图、工程性质、规模等文件资料；②初步查明地层、构造、岩性、透水性是否存在不良地质现象，若场地条件复杂，还应进行工程地质测绘与调查；③对抗震设防烈度不小于7度的场地，应初步判定场地或地基是否会发生液化。

初步勘察应在搜集分析已有资料的基础上，根据需要进行工程地质测绘、勘探及测试工作。

（3）详细勘察阶段

详细勘察应密切结合工程技术设计或施工图设计，针对不同工程结构提供详细的工程地质资料和设计所需的岩土技术参数，对拟建物的地基做出岩土工程分析评价，为路基路面或基础设计、地基处理、不良地质现象的预防和整治等具体方案进行具体论证并得出结论和提出建议。详细勘察的具体内容应视拟建物的具体情况和工程要求来定。

（4）施工勘察阶段

施工勘察主要是与设计、施工单位相结合进行的地基验槽，深基础工程与地基处理的质量和效果的检测，施工中的岩土工程监测和必要的补充勘察，解决与施工有关的岩土工程问题，并为施工阶段路基路面或地基基础设计变更提供相应的地基资料，具体内容视工程要求而定。

需要指出的是，并不是每项工程都要严格遵守上述步骤进行勘察，有些工程项目的用地有限，没有场地选择的余地，如遇到地质条件不是很好时，则通过采取地基处理或其他措施来改善，这时施工阶段的勘察尤为重要。此外，对于有些建筑等级要求不高的工程项目，可根据邻近的已建工程的成熟经验而不需要任何勘察亦可兴建，如1~3层的工业与民用建筑工程项目。

3.工程地质测绘

工程地质测绘是工程地质勘查中最基本的方法，也是工程地质勘察最先进行的综合基础工作。它运用地质学原理，通过野外调查，对有可能选择的拟建场地区城内地形地貌、地层岩性、地质构造、不良地质现象进行观察和描述，将所观察到的地质要素按要求的比例尺填绘在地形图和有关图表上，并对拟建场地区域内的地质条件做出初步评价，为后续布置勘探、试验和长期观测打基础。工程地质测绘贯穿于整个勘察工作的始终，只是随着勘察设计阶段的不同，要求测绘的范围、内容、精度不同而已。

（1）工程地质测绘的范围

工程地质测绘的范围应根据工程建设类型、规模，并考虑工程地质条件的复杂程度等综合确定。一般工程跨越地段越多、规模越大、工程地质条件越复杂，测绘范围就相对越广。例如，京珠高速公路的线路测绘，横亘南北、穿山越岭、跨江过水，测绘范围就比三峡大坝选址工程测绘范围要广阔。

（2）工程地质测绘的内容

工程地质测绘的内容主要有以下六个方面。

①地层岩性

明确一定深度范围内的地层内各岩层的性质、厚度及其分布规律，并确定其形成年代、成因类型、风化程度及工程地质特性。

②地质构造

研究测区内各种构造形迹的产状、分布、形态、规模及其结构面的物理力学性质，明确各类构造岩的工程地质特性，并分析其对地貌形态、水文地质条件、岩石风化等方面的影响及其近、晚期构造活动的情况，尤其是地震活动的情况。

③地貌条件

如果说地形是研究地表形态的外部特征，如高低起伏、坡度陡缓和空间分布，那么地貌则是研究地形形成的地质原因和年代及其在漫长地质历史中不断演变的过程和将来发展的趋势，即从地质学和地理学的观点来考察地表形态。因此，研究地貌的形成和发展规律，对工程建设的总体布局有着重要意义。

④水文地质

调查地下水资源的类型、埋藏条件、渗透性，并测试分析水的物理性质、化学成分及动态变化对工程结构建设期间和正常使用期间的影响。

⑤不良地质

查明岩溶、滑坡、泥石流及岩石风化等分布的具体位置、类型、规模及其发育规律，并分析其对工程结构的影响。

⑥可用材料

对测区内及附近地区短程可以利用的石料、砂料及土料等天然构筑材料资源进行附带调查。

（3）工程地质测绘的精度

工程地质测绘的精度是指将在野外观察得到的工程地质现象和获取的地质要素信息标记、描述和表示在有关图纸上的详细程度。所谓地质要素，即场地的地层、岩性、地质构造地貌、水文地质条件、物理地质现象、可利用天然建筑材料的质量及其分布等。测绘的精度主要取决于单位面积上观察点的多少。在地质复杂的地区观察点的分布要多一些，简单地区则少一些，观察点应布置在反映工程地质条件各因素的关键位置上。一般应反映在图上大于 2mm 的一切地质现象和对工程有重要影响的地质现象；在图上不足 2mm 时，应扩大比例尺进行表示，并注明真实数据，如溶洞等。

（4）工程地质测绘的方法和技术

工程地质测绘的方法有相片成图法和实地测绘法。随着科学技术的进步，遥感新技术也在工程地质测绘中得到了应用。

①相片成图法

相片成图法是利用地面摄影或航空（卫星）摄影的相片，先在室内根据判释标志，结合所掌握的区域地质资料，确定地层岩性、地质构造、地貌、水系和不良地质现象等，描绘在单张相片上，然后在相片上选择需要调查的若干布点和路线，以便进一步实地调查、校核并及时修正和补充，最后将结果转成工程地质图。

②实地测绘法

顾名思义，实地测绘法就是在野外对工程地质现象进行实地测绘的方法。实地测绘法通常有路线穿越法、布线测点法和界线追索法三种。

路线穿越法是指沿着在测区内选择的一些路线，穿越测绘场地，将沿途遇到的地层、构造、不良地质现象、水文地质、地形、地貌界线和特征点等填绘在工作底图上的方法。路线可以是直线也可以是折线。观测路线应选择在露头较好或覆盖层较薄的地方，起点位置应有明显的地物，如村庄、桥梁等；同时为了提高工作成效，穿越方向应大致与岩层走向、构造线方向及地貌单元相垂直。

布线测点法就是根据地质条件复杂程度和不同测绘比例尺的要求，先在地形图上布置一定数量的观测路线，然后在这些线路上设置若干观测点的方法。观测线路力求避免重复，应尽量使之达到最优效果。

界线追索法就是为了查明某些局部复杂构造，沿地层走向或某一地质构造方向或某些不良地质现象界线进行布点追索的方法。这种方法常在上述两种方法的基础上进行，是一种辅助补充方法。

③遥感技术应用

遥感技术就是根据电磁波辐射理论，在不同高度观测平台上，使用光学、电子学或电子光学等探测仪器，对位于地球表面的各类远距离目标反射、散射或发射的电磁波信息进行接收并以图像胶片或数字磁带形式记录，然后将这些信息传送到地面接收站，接收站再把这些信息进一步加工处理成遥感资料，最后结合已知物的波谱特征，从中提取有用信息，识别目标和确定目标物之间相互关系的综合技术。简而言之，遥感技术是通过特殊方法对地球表层地物及其特性进行远距离探测和识别的综合技术方法。遥感技术包括传感器技术，信息传输技术，信息处理、提取和应用技术，目标信息特征的分析和测量技术等。

遥感技术应用于工程地质测绘，可大量节省地面测绘时间及测绘工作量，并且完成质量较高，从而节省工程勘察费用。

第二节　工程地质勘探方法

工程地质勘探是在工程地质测绘的基础上，为了详细查明地表以下的工程地质问题，取得地下深部岩土层的工程地质资料而进行的勘察工作。

常用的工程地质勘探手段有开挖勘探、钻孔勘探和地球物理勘探。

一、开挖勘探

开挖勘探就是对地表及其以下浅层局部土层直接开挖，以便直接观察岩土层的天然状态以及各地层之间的接触关系，并能取出接近实际的原状结构岩土样，进行详细观察和描述其工程地质特性的勘探方法。根据开挖体空间形状的不同，开挖勘探可分为坑探、槽探、井探和洞探等。

坑探就是用锹镐或机械来挖掘在空间上三个方向的尺寸相近的坑洞的一种明挖勘探方法。坑探的深度一般为1~2 m，适用于不含水或含水量较少的、较稳固的地表浅层，主要用来查明地表覆盖层的性质和采取原状土样。

槽探就是对在地表挖掘的呈长条形且两壁常为倾斜、上宽下窄的沟槽进行地质观察和描述的明挖勘探方法。探槽的宽度一般为0.6~1.0 m，深度一般小于3 m，长度则视情况而定。探槽的断面有矩形、梯形和阶梯形等多种形式。工程实际中一般采用矩形断面；当探槽深度较大时，常采用梯形断面；当探槽深度很大且探槽两壁地层稳定性较差时，则采用阶梯形断面，必要时还应对两壁进行支护。槽探主要用于追索地质构造线、断层、断裂破碎带宽度、地层分界线、岩脉宽度及其延伸方向，探查残积层、坡积层的厚度和岩石性质及采取试样等。

井探是指勘探挖掘空间的平面长度方向和宽度方向的尺寸相近，而其深度方向大于长度和宽度的一种挖探方法。探井的深度一般都大于 20 m，其断面形状有方形（1 m×1 m、1.5 m×1.5m）、矩形（1 m×2 m）和圆形（直径一般为 0.6~1.25 m）。掘进时遇到破碎的井段应进行外壁支护。井探用于了解覆盖层厚度及性质、构造线、岩石破碎情况、岩溶、滑坡等。当岩层倾角较缓时，效果较好。

洞探就是在指定标高的指定方向开挖地下洞室的一种勘探方法。这种勘探方法一般将探洞布置在平缓山坡、山坳处或较陡的岩坡坡底。洞探多用于了解地下一定深处的地质情况并取样，如查明坝底两岸地质结构，尤其在岩层倾向河谷并有易于滑动的夹层或层间错动较多、断裂较发育及斜坡变形破坏等时，更能观察清楚，可获得较好效果。

二、钻孔勘探

钻孔勘探简称钻探。钻探就是利用钻进设备打孔，通过采集岩芯或观察孔壁来探明深部地层的工程地质资料，补充和验证地面测绘资料的勘探方法。钻探是工程地质勘探的主要手段，但是钻探费用较高，因此，一般是在开挖勘探不能达到预期目的和效果时才采用这种勘探方法。

钻探方法较多，钻孔直径不一。一般采用机械回转钻进，常规孔径为开孔 168mm，终孔 91 m。由于行业部门及设计单位的要求不同，孔径的取值也不一样。如水电部门使用回转式大口径钻探的最大孔径可达 1 500 mm，孔深 30~60 m，工程技术人员可直接下孔观察孔壁；而有的部门采用孔径仅为 36 mm 的小孔径，钻进采用金刚石钻头，这种钻探方法对于硬质岩而言，可提高其钻进速度和岩芯采取率或成孔质量。

一般情况下，钻探通常采用垂直钻进方式。对于某些工程地质条件特别的情况，如被调查的地层倾角较大时，则可选用斜孔或水平孔钻进。

钻进方法有四种：冲击钻进、回转钻进、综合钻进和振动钻进。

1.冲击钻进

冲击钻进法采用底部圆环状的钻头，钻进时将钻具提升到一定高度，利用钻具自重，迅速放落，钻具在下落时产生的冲击力会冲击孔底岩土层，使岩土达到破碎而进一步加深钻孔。冲击钻进可分为人工冲击钻进和机械冲击钻进。人工冲击钻进所需设备简单，但是劳动强度大，适用于黄土、黏性土和砂性土等疏松覆盖层；机械冲击钻进省力省工，但是费用相对高些，适用于砾石层、卵石层及基岩。冲击钻进一般难以取得完整的岩芯。

2. 回转钻进

回转钻进法利用钻具钻压和回转，使嵌有硬质合金的钻头切削或磨削岩土进行钻进。根据钻头的类别，回转钻进可分为螺旋钻探、环形钻探（岩芯钻探）和无岩芯钻探。螺旋钻探适用于黏性土层，可干法钻进，螺纹旋入土层，提钻时带出扰动土样；环形钻探适用于土层和岩层，对孔底做环形切削研磨，用循环液清除输出的岩粉，环行中心保留柱状岩芯，然后进行提取；无岩芯钻探适用于土层和岩层，对整个孔底作全面切削研磨，用循环液清除输出的岩粉，不提钻连续钻进，效率高。

3. 综合钻进

综合钻进法是一种冲击与回转综合作用下的钻进方法。它综合了前两种钻进方法在地层钻进中的优点，以达到提高钻进效率的目的，在工程地质勘探中应用广泛。

4. 振动钻进

振动钻进法采用机械动力将振动器产生的振动力通过钻杆和钻头传递到圆筒形钻头周围的土中，使土的抗剪强度急剧降低，同时利用钻头依靠钻具的重力及振动器重量切削土层进行钻进。圆筒钻头主要适用于粉土、砂土、较小粒径的碎石层以及黏性不大的黏性土层。

三、地球物理勘探

地球物理勘探简称物探，是指利用专门仪器来探测地壳表层各种地质体的物理场，包括电场、磁场、重力场、辐射场、弹性波的应力场等，通过测得的物理场特性和差异来判明地下各种地质现象，获得某些物理性质参数的一种勘探方法。组成地壳的各种不同岩层介质的密度、导电性、磁性、弹性、反射性及导热性等方面存在差异，这些差异将引起相应的地球物理场的局部变化，通过测量这些物理场的分布和变化特性，结合已知的地质资料进行分析和研究，就可以推断地质体的性状。这种方法兼有勘探和试验两种功能。与钻探相比，物探具有设备轻便、成本低、效率高和工作空间广的优点，但是，物探不能直接取样观察，故常与钻探配合使用。

物探按照探测时所利用的岩土物理性质的不同可分为声波勘探、电法勘探、地震勘探、重力勘探、磁力勘探及核子勘探等几种方法。在工程地质勘探中采用较多的主要是前三种方法。

最普遍的物探方法是电法勘探与地震勘探，并常在初期的工程地质勘查中使用，配合工程地质测绘，初步查明勘察区的地下地质情况。此外，也常用于查明古河道、洞穴、地下管线等的具体位置。

1. 声波勘探

声波勘探是指运用声波在岩土或岩体中的传播特性及变化规律来测试岩土或岩体

物理力学性质的一种探测方法。在实际工程中，还可利用在外力作用下岩土或岩体的发声特性对其进行长期稳定性观察。

2. 电法勘探

电法勘探简称电探，是利用天然或人工的直流或交流电场来测定岩土或岩体电学性质的差异，勘查地下工程地质情况的一种物探方法。电探的种类很多，按照使用电场的性质，可分为人工电场法和自然电场法，而人工电场法又可分为直流电场法和交流电场法。工程勘察使用较多的是人工电场法，即人工对地质体施加电场，通过电测仪测定地质体的电阻率大小及变化，再经过专门解释，区分地层、岩性、构造以及覆盖层、风化层厚度，含水层分布和深度，古河道、主导充水裂隙方向以及天然建筑材料的分布范围、储量等。

3. 地震勘探

地震勘探是利用地质介质的波动性来探测地质现象的一种物探方法。其原理是利用爆炸或敲击向岩体内激发地震波，根据不同介质弹性波传播速度的差异来判断地质情况。根据波的传递方式，地震勘探又可分为直达波法、反射波法和折射波法。直达波是指由地下爆炸或敲击直接传播到地面接收点的波。直达波法就是利用地震仪器记录直达波传播到地面各接收点的时间和距离，然后推算地基土的动力参数，如动弹性模量、动剪切模量和泊松比等；而反射波或折射波则是指由地面产生激发的弹性波在不同地层的分界面发生反射或折射而返回到地面的波，反射波法或折射波法就是根据反射波或折射波传播到地面各接收点的时间，并研究波的振动特性，确定引起反射或折射的地层界面的埋藏深度、产状岩性等。地震勘探直接利用地下岩石的固有特性，如密度、弹性等，较其他物探方法更准确，且能探测地表以下很大的深度，因此该勘探方法可用于了解地下深部地质结构，如基岩面，覆盖层厚度、风化壳、断层带等地质情况。

物探方法的选择，应根据具体地质条件进行确定。常用多种方法进行综合探测，如重力法、电视测井等新技术方法，但由于物探的精度受到限制，因而其只是一种辅助性的方法。

第三节　原位测试

原位测试是在保持土体原有应力状态条件下，在现场进行的各种测试试验，主要包括平板载荷试验、静力触探、圆锥试验、标准贯入试验和十字板剪切试验。对于难以取得岩土层、砂土、碎石土、软土等宜采用原位测试。

1. 平板载荷试验

平板载荷试验主要用于确定地基土承载力特征值及土的变形模量，试验一般在试坑中进行。

将试坑挖到基础的持力层位置，用 1~2cm 中粗砂找平，放上承压板，在承压板上施加荷载时，总加荷量约为设计荷载的 2 倍。荷载按预估极限荷载的 1/10~1/8 分级施加。每级荷载稳定的标准为连续 2h 内，每小时的沉降增量不大于 0.1mm。试验应做到破坏，破坏的标志是：承压板周围土有明显的侧向挤出；或同一级荷载下，24h 内沉降不稳，呈加速发展的趋势。达到破坏时应停止加荷。

试验成果主要是绘制荷载—沉降曲线，即 P—S 曲线。

试验成果应用：（1）确定地基承载力特征值；（2）确定地基土变形模量 E_0。E_0 计算公式如下：

$$E_0=I_0(1-\mu^2)pd/s$$

式中：I_0——承压板形状系数；

μ——泊松比；

d——承压板直径；

p——弹性段荷载

s——弹性段荷载对应的沉降量。

2. 静力触探

静力触探（Cone Penetration Test，CPT）是将圆锥形的金属探头以静力方式按一定的速率均匀压入土中，测量其贯入阻力，借以间接判定土的物理力学性质的试验。其优点是可在现场快速、连续、较精确地直接测得土地灌入阻力指标，了解土层原始状态的物理力学性质。特别是对于不易取样的饱和砂土、高灵敏的软土层，以及土层竖向变化复杂而不能密集取样或测试以查明土层性质变化的情况下，静力触探具有它独特的优点。其缺点是不能取土直接观察鉴别，测试深度不大（常小于 50m），对基岩和碎石类土层不适用。

3. 圆锥试验、标准贯入试验和十字板剪切试验

（1）圆锥试验

圆锥试验和标准贯入试验都属动力触探，即利用一定的落能量，将与探杆连接的金属探头打入土层，以一定深度所需的锤击数来判定土的工程性质。动力触探按锤击能量的大小可分为轻型、中型、重型和超重型四种。

（2）标准贯入试验

标准贯入试验设备主要由标准贯入器、触探杆和穿心锤三部分组成。

操作时，先用钻具钻进到试验土层标高以上约 15cm 处，63.5kg 重心穿心锤从 76cm 将贯入器打入土层 15cm 不计数，然后打入土层 30cm 的锤击数即为实测锤击数 N'。

当触探杆长度大于 3m 时，锤击数需要进行杆长修正。

标贯锤击数 N 可用于确定土的承载力，判别砂土的液化及状态，判别黏性土的稠度状态和无侧限抗压强度。

3.十字板剪切试验

十字板剪切试验是测定现场原位软黏土抗剪强度的一种方法，特别适用于高灵敏度的黏性土。

通过地面上的扭动力设备对钻杆施加扭矩，将伏埋在土中的十字板扭转，测出把土剪切损坏时的最大力矩 M，并通过下式计算十字板原位土的抗剪强度 S：

$$S = \frac{2M}{\pi D^2 (H + \frac{D}{3})}$$

式中，H——十字板高度；

D——十字板直径。

第四节　建筑地基抗震稳定性评价

一、地震对地基土强度和变形的影响

地震时基础土承受一系列的振动应力，由于地震运动是有限次的震动，因此地震荷载也是有限次数的脉动作用。主震时地基大约在半分钟内受到 10~15 次强应力脉冲，包括主震之后的余震在内，较大的应力脉冲共 30~40 次。其频率为 1~5 Hz。软土频率低些，坚硬土层频率较高。这些应力脉冲加上结构物振动产生的应力，将引起地基土的强度和稳定性的变化，而且沙土类地基和黏土类地基的表现有明显的差异。

1.黏性土

对饱和黏性土进行动力试验发现，振动时黏土的剪切变形显著增加，当振动速度达到某固定数值以上时，抗剪强度会有所降低。所以在动荷载下，黏性土的强度是振动频率、振动加速度、剪切前振动的作用时间和振动应力的函数。这主要是因为在振动过程中土颗粒间原来的平衡状态遭到破坏，而达到新的更为稳定的平衡状态。实验结果表明，对于一般黏土而言，在短时间重复荷载作用下，其强度变化不大，但软弱黏土的强度有明显降低。所以，对于建造在软弱地基上的建筑物，在抗震设计中应当注意这个特性。尤其对于在不均匀地基上且局部是软弱土层的情况，更应当认真处理，否则容易引起不均匀沉降，使上部结构损坏。既然试验结果证明软弱黏土在反复荷载的作用下强度有所降低，那么凡是软弱地基的承载能力在抗震设计中就应当进行调整，使其小于常规使用的承载能力。但在我国以及其他国家的抗震设计规范中却乘以不小于 1.0 的系数来提升地基容许承载能力，如日本一律采用 2.0 来调整。阿尔及利亚和印度则根据地基的种类分别采用不同系数。究其原因，可能是地基土的容许承载力的安全系数较大，地震发生的或然率又较低，所以从经济角度考虑，对地基承载力做了某些调整。

2. 砂类土

对干、湿砂进行模拟试验证明，当振动加速度较小时，砂的强度随着加速度的增加而呈线性降低，但压密较小。当振动加速度超过 0.3g（g 为重力加速度）时，砂土结构出现破坏，强度显著下降，变形突然增加。对于干砂，振动后已经达到最密实的状态时，若加水并继续振动则还能压实。

3. 砂土的振动液化

对于均质的饱和粉细砂，在地震力作用下，由于砂土的结构发生破坏，砂土颗粒间抗剪强度的消失（主要是摩擦力），粒间孔隙水压力骤然增大。如果孔隙水不能及时排走，则孔隙水压力会不断递增，当孔隙水压力增高到等于上部覆盖压力时，则有效侧限应力变为零，砂就完全丧失强度，它在瞬息间由固体变为没有支承能力的砂悬浮液，这就是砂土的振动液化。

砂土的振动液化现象与下述因素有关。

（1）砂土本身的性质（相对密度、饱和度、粒径、级配、有效侧限应力等）。

（2）动力的性质（地震剪应力的大小、地震的持续时间等）。

二、地基震害造成上部结构的破坏

建筑物的抗震性能取决于上部结构的抗震能力、地基基础的处理和工程地质条件。许多地震震害的宏观调查，都证明了地震时地基基础的震害与上部建筑的破坏有着密切的关系。

1. 地裂缝通过建筑物的地基

地震产生的地裂缝是构造应力和地震波作用于地壳表层的结果。当地裂缝通过各种建筑物的地基时，大大加大了建筑物破坏的程度。这种破坏使得地基开裂，并使之产生位移。这种张扭性的裂缝能拉裂基础，造成上部结构严重开裂甚至倒塌。例如，海城地震后，营口市医院主楼和住院部被两组构造地裂缝破坏得相当严重。

2. 喷砂冒水造成建筑物不均匀下沉

由于强烈的地震造成饱和砂土地基振动液化，地面喷砂冒水，地基遭到破坏，发生大量不均匀沉陷，建造在其上的建筑物就会产生倾斜或不均匀下沉，并加剧了上部结构的破坏。例如唐山地震时，位于 11 度区的唐山齿轮厂锻锤车间大量喷砂冒水，地坪不均匀下沉，厂房严重开裂并倾斜，幸亏采用宽度较大的毛石基础再加上钢筋混凝土基础圈梁，才避免整个厂房倒塌。

喷砂冒水不仅会使建筑物地基遭到破坏，使建筑物倾斜开裂，而且会造成桥墩发生位移，使桥梁坠落、堤坝裂缝和沉陷、铁路路基下沉、公路路面龟裂、灌溉机井和渠道淤塞，以及大量农田被砂覆盖，进一步加重了农田的盐碱化。

3. 软硬交错地基在地震时造成不均匀下沉

山区有不少房屋建造在山坡上，由于不断堆积，有些地表虽已近于平坦，但其下的基岩表面仍是倾斜的，有的岩面坡度还很大。有些地方又由于局部基岩埋藏较深，该部分房屋的基础就砌筑在填土上，整个建筑物建在软硬不均匀的地基上。在强烈地震时，岩石地基一般无沉降，而填土部分或振动压密，或基岩表面倾斜产生滑动，致使房屋墙面、楼板因地基不均匀下沉而产生开裂。如云南东川（7度区）新村第一人民医院门诊部的西北角原为泥塘，后作填土地基，地震时西面和北面基础下沉开裂造成局部严重破坏。

4. 滑坡崩塌地区在地震时的地基破坏

在地震力的作用下，斜坡由于动力作用可能局部或全部发生滑动，当滑裂面通过建筑物地基时，必然加重上部结构的破坏。例如，河北邢台某县医院建造在较高的土台上，地震后土台局部崩塌，给建筑物造成了损坏。

5. 地震时地基与上部建筑发生共振导致结构损坏

在地震波的作用下，地基与上部建筑都发生振动，当两者的振动周期（自振频率）一致时，就会发生共振现象，在这种情况下地基并不一定遭到破坏，但是建筑物却会遭到特别严重的破坏。对于同一地区来说，建筑物的振动周期不同，遭受的地震破坏程度也不一样。位于7度波及区的鞍山市有2座采用同一设计图纸、由同一施工单位建造的三层学校建筑，一座位于地基较好的（Ⅰ类土）山上，一座位于土质较差的（Ⅲ类场地）土上。地震以后，位于山上的校舍破坏严重，砖墙上出现许多斜裂缝，而位于土质较差地基上的学校的震害反而较轻。这可能是由于刚性房屋自振周期短，与坚硬地基的自振周期接近，因而发生共振，加重了震害。

三、地基基础的防震和抗震

从上述地基震害造成上部结构破坏的实例来看，地震时地基的表现对上部结构的影响还是很大的。有时地基失效引起上部结构的严重破坏，使人民生命财产蒙受严重损失，付出很大代价。为了避免和减轻这方面的损失，今后应该特别重视以下几个问题。

1. 地震区场地选择

通过大量的震害调查，同一地震区内由于土质不同，可能会产生某些地区稍高或稍低于该地区的平均烈度，即所谓的小区烈度异常。同时，对可能发生振动液化的饱和砂土地基和会发生不均匀沉降的软弱地基，也不能在结构计算中单纯依靠增大地震荷载来增强建筑物的抗震能力。因此，在地震区的建设中，对于场地选择是非常重要的，应该根据各地区的场地土质、构造地形条件选择对抗震有利的地段，避开危险地段。

有可能发生强烈地震同时又产生明显错动和地裂缝密集的一部分活动断层为危险地段，不应在这些地段进行建设。对于规模较大、胶结不好、具有活动性的一般断层的端部、转折和交叉部分，则应区别对待，慎重处理。但是有些断层虽然与发震断层属于同一构造体系，但规模较小，胶结又比较好，在构造上属于较稳定的地段，因此可以不避开　而按一般断层处理。

地裂缝对结构震害有明显影响，只要是地裂缝带经过之处，破坏程度显得特别严重。构造地裂缝通常出现在地震烈度为 8 度以上的地区，它们往往与发震构造的所在区域相符，在考虑避开的问题上，可以和发震断层同等对待。非构造裂缝分布较广，主要与地形、岩性、河道、沟坑和洼地有关，选厂时应尽可能避开或在建筑物上采取特别加强措施。

高出的山包和孤立突出的丘陵地带，地震反应较强。根据实测，对于不太高的山包，在山顶处的地震加速度比山脚处的大 1.8 倍。加之斜坡地带在地震时容易发生坍塌、滑坡、滚石等现象，危及建筑物的安全，所以在这些地点应该避开建厂。

2. 地基液化

松散饱和砂土地基在地震情况下，有产生液化现象的可能。液化现象的产生将招致建筑物的毁坏，因此必须采取可靠的措施。

在工程地质勘查中，如发现基础下有一定厚度的饱和松砂层，宜立即进行标准贯入度试验，以鉴定其是否容易发生液化。

如果是容易发生液化的砂土地基，可采取如下措施。

（1）换土：将可能发生液化的砂土地基用其他黏性土置换。

（2）增加密度：用振动或爆破加密可能液化的砂层。

（3）加固：用灌浆方法，注入各种化学凝固剂将砂土固结起来。

（4）增加上覆压力：随着砂土上覆压力的增加，饱和松砂地基发生振动液化的程度将降低。

（5）降低砂层中的水位。

当地基中有一定厚度的、可能发生液化的砂层时，对于重要建筑物可采用桩基，但桩要有足够的长度，以完全穿过可能液化的砂层，使桩尖到达不会液化的土层。例如，辽河化肥厂造粒塔高 65.5 m，直径 20 m，基础下打了 187 根钢筋混凝土桩，桩长 15~17 m。海城地震后，虽然塔下地面发生喷砂冒水，厂区地面下沉，但造粒塔没有产生下沉和倾斜。而当时正在施工中的田庄台大桥虽然也采用了桩基，但两岸桩的长度不足，桩尖仍处于易液化的砂层中，因此震后桩基和桥墩发生位移和下沉，并向河心方向倾斜，大桥遭到严重破坏。由此可见，打桩是一项有效的抗震措施，其关键是进行合理的设计。

3. 避免地基和结构在地震时发生共振

在地震波作用下，地表以一定的周期发生振动，根据微震观察资料，某些地基土的自振周期如表 6-1 所示。

表 6–1　地基土的自振周期

地基土种类	微震时的自振周期（s）
坚硬岩石	0.15
强风化软岩石	0.25
洪积层	0.40
冲积层	0.60

在高烈度的地震区要考虑地基土层的特点和下部建筑物的地震反应，合理选择地基方案和上部结构形式，防止发生共振而加大震害。

冲积层具有较长的自振周期，冲积层上的建筑物震害随着土层的加厚而加剧。而坚硬岩石地基的自振周期较短，即使发生很大振动也是振动较低的反复荷载。一般来说，房屋受震变形小，震害也是较小的。在防止地基和上部结构发生共振的前提下，坚硬地基上的建筑物震害较冲积层上的建筑物震害要小得多。因此，选择合适的场地或根据场地选择不同刚度的建筑物就能减少或避免地震的损害。

4. 合理地进行地震区的地基基础设计

有些类场地的软弱地基常在地表有一个不太厚的硬层，而其下则为深厚的淤泥质土或饱和粉砂层。除了重要的和高耸的建筑物采用桩基外，一般都是充分利用这层较硬的土层作为持力层，采用浅基础。但是一般情况下，地震区的基础采用深埋形式较好，因为在地面附近沿深度方向地震的振幅显著减少。据测定在地下 3 m 处结构物的振幅仅为地表处的 3%，所以具有深基础的建筑物的振害要小些。例如，河北省宁河县城（9度区）在唐山地震后大部分房屋倒塌，但县委办公室完好，这是因为除了其本身的砌筑质量较好外，这幢办公楼带有一层地下室。

基础的构造形式对加强结构的抗震性能有显著影响。片筏基础对于抗地裂缝、调整建筑物的下沉或倾斜有较大帮助，在高烈度区不失为一种好的基础形式。例如，天津塘沽新港有 27 幢住宅建造在吹填土上，采用片筏基础。在唐山地震后，虽基础下沉了 7 cm，但房屋基本完好，裂缝较少。

对于地震区的山地建筑，要求基础砌筑在均一的地基土壤上。如基岩埋藏较浅，则应将基础全部落在岩石上；当基岩埋藏在较深的斜坡上时，单独基础可加纵、横两个方向的联系梁，或采用条形基础或十字条形基础，不宜采用侧向无拉结的单独基础。

对于填土，必须在最佳含水量下经过分层夯实，地震区绝不允许采用杂填土作为地基。对于重要的设备基础，应做成独立的深基础或采用桩基。对于厂房整片地坪，发生地裂缝破坏时，进行修复就会影响生产，因此可以采用混凝土预制块铺砌。

四、建筑地基抗震稳定性评价

建筑场地是指对建筑安全施工及运营有影响的区域。场地不同，其工程地质条件会产生差别，地震破坏效应也不相同。

选择建筑场地时，应根据工程需要和地震活动情况、工程地质和地震地质的有关资料，对抗震有利、不利和危险地段做出综合评价，确定场地类别。对于不利地段，应提出避开要求，当无法避开时应采取有效措施，不应在危险地段建造一般建筑，更不能建造重要功能性工程。

1. 场地类别

（1）建筑场地覆盖层厚度确定。建筑场地覆盖层厚度的确定，应符合下列要求：

①一般情况下，应按地面至剪切波速大于 500 m/s，且其下卧各层岩土的剪切波速均不小于 500 m/s 的土层顶面的距离确定。

②当地面 5 m 以下存在剪切波速大于其上部各土层剪切波速 2.5 倍的土层，且该层及其下卧各层岩土的剪切波速均不小于 400 m/s 时，可按地面至该土层顶面的距离确定。

③剪切波速大于 500 m/s 的孤石、透镜体，应视同周围土层。

④土层中的火成岩硬夹层，应被视为刚体，其厚度应从覆盖土层中扣除。

（2）等效剪切波速。土层的等效剪切波速应按下列公式计算：

$$v_{se} = d_0 / t$$

$$t = \sum_{i=1}^{n} (d_i / v_{si})$$

式中 v_{se}——土层等效剪切波速（m/s）；

d_0——计算深度（m），取覆盖层厚度和 20 m 两者较小值；

t——剪切波在地面至计算深度间的传播时间；

d_i——计算深度范围内第 i 土层的厚度（m）；

v_{si}——计算深度范围内第 i 土层的剪切波速（m/s）；

n——计算深度范围内土层的分层数。

（3）场地类别划分。建筑场地的类别应该根据土层等效剪切波速和场地覆盖层厚度按照表 6-2 划分为四类，其中 I 类分为 I_0 和 I_1 两个亚类。

表6-2 各类建筑场地的覆盖层厚度

土的等效剪切波速/(m·s⁻¹)	场地类别				
	I₀	I₁	II	III	IV
$v_s > 800$	0				
$500 < v_s \leqslant 800$		0			
$250 < v_s \leqslant 500$		<5	≥5		
$150 < v_s \leqslant 250$		<3	3~50	>50	
$v_s \leqslant 150$		<3	3~15	15~80	>80

2. 发震断裂评价

当场地内存在发震断裂时，应对发震断裂进行评价。符合下列条件之一的可忽略发震断裂的影响：

（1）抗震设防烈度小于8度。

（2）非全新式活动断裂。

（3）抗震设防烈度为8度和9度时，隐伏断裂的土层覆盖厚度分别大于60 m和90 m。

建筑抗震设防类别的确定方法如下：

（1）特殊设防类：特殊设防类是指使用上有特殊设施，在涉及国家公共安全的重大建筑工程和地震时可能发生严重次生灾害等特别重大灾害后果，需要进行特殊设防的建筑。简称甲类。

（2）重点设防类：重点设防类是指地震时使用功能不能中断或需尽快恢复的生命线相关建筑，以及地震时可能导致大量人员伤亡等重大灾害后果，需要提高设防标准的建筑。简称乙类。

（3）标准设防类：标准设防类是指大量的除①、②、④款以外按标准要求进行设防的建筑。简称丙类。

（4）适度设防类：适度设防类是指使用上人员稀少且震损不致产生次生灾害，允许在一定条件下适度降低要求的建筑。简称丁类。

3. 天然地基承载力抗震验算

天然地基基础抗震验算时，应采用地震作用效应标准组合，地基抗震承载力应按下式计算：

$$f_{aE} = \zeta_a f_a$$

式中 f_{aE}——调整后的地基抗震承载力；

ζ_a——地基抗震承载力调整系数；

f_a——深宽修正后的地基承载力特征值。

验算天然地基地震作用下的竖向承载力时，按地震作用效应标准组合的基础底面平均压力和边缘最大压力应满足以下要求：

$$p \leq f_{aE}$$

$$p_{max} \leq 1.2 f_{aE}$$

式中　p——地震作用效应标准组合的基础底面平均压力；

p_{max}——地震作用效应标准组合的基础边缘最大压力。

第五节　公路工程地质勘探

1. 路基主要工程地质问题

公路路基包括路堑和半路堤、半路堑等。路基的主要工程地质问题是路基边坡稳定性问题、路基基底稳定性问题以及天然建筑材料问题，在气候寒冷地区还存在公路冻害问题。

（1）路基边坡稳定性。路基边坡包括天然边坡、半填半挖的路基边坡以及深路堑的人工边坡等。因其具有一定坡度和高度，故边坡在重力作用、河流冲刷等因素的影响下会发生不同形式的变形和破坏，其主要表现为滑坡和崩塌。

路堑边坡在一定条件下还能引起古滑坡复活。由于古滑坡发生时间较长，长期在各种外力地质作用下，其外表形迹已被改造成平缓的山坡地形，故难以被发现。当施工开挖使其滑动面临空时，很可能造成已休止的古滑坡重新活动。

（2）路基基底稳定性。一般路堤和高填路堤对路基基底的要求是要有足够的承载力。它不仅承受车辆在运营中产生的动荷载，而且在填方路堤地段还承受很大的填土压力。基底土的变形性质和变形量主要取决于基底土的力学性质、基底面的倾斜程度、软弱夹层或软弱结构面的性质与产状等。另外，水文地质条件也是促进基底不稳定的因素，它往往使基底产生巨大的塑性变形而造成路基的破坏。

（3）天然建筑材料。路基工程所需要的天然建筑材料不仅种类繁多，如土料、片石、矿和碎石等，而且数量也较大，并且要求各种建筑材料产地沿线路两侧零散分布。建筑材料的质量和运输距离常常会影响工程的质量和造价。

（4）公路冻害。公路冻害具有季节性。公路在冬季负温的长期作用下，土体中的水分重新分布，并平行于冻结界面形成数层冻层，局部还会有冰透镜体，因而当土体体积增大（约9%）时，就会产生路基隆起现象；春季地表冰层融化早，而下层土尚未解冻，融化层的水分难以下渗，致使上层土的含水量增大而软化，在外荷载作用下，就会出现路基翻浆现象。

2.公路工程勘察基本要求

公路工程地质勘查可分为预可行性研究阶段工程地质勘察（简称预可勘察）、工程可行性研究阶段工程地质勘察（简称工可勘察）、初步设计阶段工程地质勘察（简称初步勘察）和施工图设计阶段工程地质勘察（简称详细勘察）四个阶段。

（1）预可勘察。预可勘察应了解公路建设项目所处区域的工程地质条件及存在的工程地质问题，为编制预可行性研究报告提供工程地质资料。

预可勘察应充分收集区域地质、地震、气象、水文、采矿、灾害防治与评估等资料，采用资料分析、遥感工程地质解译、现场踏勘调查等方法，对各路线走廊带或通道的工程地质条件进行研究，完成下列各项工作内容：

①了解各路线走廊带或通道的地形地貌、地层岩性、地质构造、水文地质条件、地震动参数，不良地质和特殊性岩土的类型、分布范围、发育规律。

②了解当地建筑材料的分布状况和采购运输条件。

③评估各路线走廊带或通道的工程地质条件及主要工程地质问题。

④编制预可行性研究阶段工程地质勘察报告。

（2）工可勘察。工可勘察应初步查明公路沿线的工程地质条件和对公路建设规模有影响的工程地质问题，为编制工程可行性研究报告提供工程地质资料。

工可勘察应以资料收集和工程地质调绘为主，辅以必要的勘探手段，对项目建设各工程方案的工程地质条件进行研究，完成下列各项工作内容：

①了解各路线走廊或通道的地形地貌、地层岩性、地质构造、水文地质条件、地震动参数，不良地质和特殊性岩土的类型、分布及发育规律。

②初步查明沿线水库、矿区的分布情况及其与路线的关系。

③初步查明控制路线及工程方案的不良地质和特殊性岩土的类型、性质、分布范围与发育规律。

④初步查明技术复杂大桥桥位的地层岩性、地质构造、河床及岸坡的稳定性，不良地质和特殊性岩土的类型、性质、分布范围及发育规律。

⑤初步查明长隧道及特长隧道隧址的地层岩性、地质构造、水文地质条件、隧道围岩分级、进出口地带斜坡的稳定性，不良地质和特殊性岩土的类型、性质、分布范围及发育规律。

⑥对于控制路线方案的越岭地段、区域性断裂通过的峡谷、区域性储水构造，初步查明其地层岩性、地质构造、水文地质条件及潜在不良地质的类型、规模、发育条件。

⑦初步查明筑路材料的分布、开采、运输条件以及工程用水的水质、水源情况。

⑧评价各路线走廊或通道的工程地质条件，分析其存在的工程地质问题。

⑨编制工程可行性研究阶段工程地质勘察报告。

（3）初步勘察。初步勘察应基本查明公路沿线及各类构筑物建设场地的工程地质条件，为工程方案比选与初步设计文件编制提供工程地质资料。

初步勘察应与路线和各类构筑物的方案设计相结合，根据现场地形、地质条件，采用遥感工程地质解译、工程地质调绘、钻探、物探、原位测试等相结合的综合勘察方法，对路线及各类构筑物工程建设场地的工程地质条件进行勘察。

①路线初勘。路线初勘应以工程地质调绘为主，勘探测试为辅，需要基本查明下列内容：

A. 地形地貌、地层岩性、地质构造、水文地质条件。

B. 不良地质和特殊性岩土的成因、类型、性质和分布范围。

C. 区域性断裂、活动性断层、区域性储水构造、水库及河流等地表水体、可供开采和利用的矿体的发育情况。

D. 斜坡或挖方路段的地质结构，有无控制边坡稳定的外倾结构面，工程项目实施有无诱发或加剧不良地质的可能性。

E. 陡坡路堤、高填路段的地质结构，有无影响基底稳定的软弱地层。

F. 大桥及特大桥、长隧道及特长隧道等控制性工程通过地段的工程地质条件和主要工程地质问题。

②一般路基初勘。一般路基初勘应根据现场地形地质条件，结合路线填挖设计，划分工程地质区段，分段应基本查明下列内容：

A. 地形地貌的成因、类型、分布、形态特征和地表植被情况。

B. 地层岩性、地质构造、岩石的风化程度、边坡的岩体类型和结构类型。

C. 层理、节理、断裂、软弱夹层等结构面的产状、规模、倾向路基的情况。

D. 覆盖层的厚度、土质类型、密实度、含水状态和物理力学性质。

E. 不良地质和特殊性岩土的分布范围、性质。

F. 地下水和地表水的发育情况及腐蚀性。

（4）详细勘察。详细勘察应查明公路沿线及各类构筑物建设场地的工程地质条件，为施工图设计提供工程地质资料。

详细勘察应充分利用初勘取得的各项地质资料，采用以钻探、测试为主，调绘、物探、简易勘探等手段为辅的综合勘察方法，对路线及各类构筑物建设场地的工程地质条件进行勘察。

①路线详勘。路线详勘应查明公路沿线的工程地质条件，为确定路线和构筑物的位置提供地质资料。路线详勘应查明初勘规定的有关内容，应对初勘资料进行复核。当路线偏离初步设计线位较远或需进一步查明地质条件时，应进行补充工程地质调绘，补充工程地质调绘的比例尺为 1：2 000。

②一般路基详勘。一般路基详勘应在确定的路线上查明各填方、挖方路段的工程地质条件，其内容应符合初勘的规定。其应对初勘调绘资料进行复核。当路线偏离初

步设计线位或地质条件需进一步查明时，应进行补充工程地质调绘，补充工程地质调绘的比例尺为 1 ： 2 000。

第六节　桥梁工程地质勘探

桥梁一般由上部构造、下部结构、支座和附属构造物组成。上部结构又称为桥跨结构，其是跨越障碍的主要结构；下部结构包括桥台、桥墩和基础；支座为桥跨结构与桥墩或桥台的支承处所设置的传力装置；附属构造物则是指桥头搭板、锥形护坡、护岸、导流工程等。桥涵根据多孔跨径总长和单孔跨径划分为特大桥、大桥、中桥、小桥和涵洞五种类型。

1. 桥梁工程的主要工程地质问题

桥梁工程的主要工程地质问题有桥墩台地基稳定性、桥台的偏心受压及桥墩台地基的冲刷等。

（1）桥墩台地基稳定性。桥墩台地基稳定性主要取决于墩台岩土地基的容许承载力，它是桥梁设计中最重要的力学参数，它对确定桥梁的基础和结构形式起着决定性的作用。虽然桥墩台的基底面积不大，但经常遇到基底软弱、强度不一或软硬不均等问题，这严重影响了桥基的稳定性。在溪谷沟床、河流阶地，故河湾及古老洪积扇等处修建桥墩台时，往往会遇到强度很低的饱和软土层，有时也会遇到较大的断层破碎带，近期活动的断裂或基岩面高低不平，风化深槽、软弱夹层、囊状风化带、软硬悬殊的界面或深埋的古滑坡等地段，它们均能使桥墩台基础产生过大沉降或不均匀下沉，甚至造成整体滑动。

（2）桥台的偏心受压。桥台除承受垂直压力外，还承受岸坡的侧向主动土压力，在有滑坡的情况下，还受到滑坡的水平推力，使桥台基底总是处在偏心荷载状态下。桥墩的偏心荷载，主要是由于列车在桥梁上行驶突然中断而产生的，其对桥墩台的稳定性影响很大，因此，必须对其慎重考虑。

（3）桥墩台地基的冲刷。桥墩和桥台的修建，使原来的河槽过水断面减小，局部增大了河水流速，改变了流态，对桥基产生了强烈冲刷，有时可把河床中的松散沉积物局部或全部冲走，使桥墩基础直接受到流水的冲刷，威胁桥墩台的安全。因此，桥墩台基础的埋深，除取决于持力层的埋深与性质外，还需要考虑冲刷的影响。

2. 桥梁工程勘察基本要求

（1）勘察内容。桥梁勘察应根据现场地形地质条件，结合拟订的桥型、桥跨、基础形式和桥梁的建设规模等确定勘察方案，基本查明下列内容：

①地貌的成因、类型、形态特征，河流及沟谷岸坡的稳定状况和地震动参数。

②褶皱的类型、规模、形态特征、产状及其与桥位的关系。

③断裂的类型、分布、规模、产状、活动性，破碎带宽度、物质组成及胶结程度。

④覆盖层的厚度、土质类型、分布范围、地层结构、密实度和含水状况。

⑤基岩的埋深、起伏形态，地层及岩性组合，岩石的风化程度及节理发育程度。

⑥地基岩土的物理力学性质及承载力。

⑦特殊性岩土和不良地质的类型、分布及性质。

⑧地下水的类型、分布、水质和环境水的腐蚀性。

⑨水下地形的起伏形态、冲刷和淤积情况以及河床的稳定性。

⑩深基坑开挖对周围环境可能产生的不利影响，如桥梁通过气田、煤层、采空区时，有害气体对工程建设的影响。

桥梁详勘应根据现场地形地质条件和桥型、桥跨、基础形式制订勘察方案，查明桥位工程地质条件，其内容与初勘内容相同，并应对初勘工程地质调绘资料进行复核。当桥位偏离初步设计桥位或地质条件需进一步查明时，应进行补充工程地质调绘，补充工程地质调绘的比例尺为1∶2 000。

（2）桥位选择原则。桥位应选择在河道顺直、岸坡稳定、地质构造简单、基底地质条件良好的地段。桥位应避开区域性断裂及活动性断裂。当无法避开时，应垂直断裂构造线走向，以最短的距离通过。桥位应避开岩溶、滑坡、泥石流等不良地质及软土、膨胀性岩土等特殊性岩土发育的地带。

（3）勘探测试点布置及勘探深度。桥梁初勘应以钻探、原位测试为主，其勘探测试点的布置应符合下列规定：

①勘探测试点应结合桥梁的墩台位置和地貌地质单元沿桥梁轴线或在其两侧交错布置，其数量和深度应控制地层、断裂等重要的地质界线和说明桥位工程的地质条件。

②特大桥、大桥和中桥的钻孔数量可按表6-3确定。小桥的钻孔数量每座不宜少于1个；深水、大跨桥梁基础及锚碇基础，钻孔数量应根据实际地质情况及基础工程方案确定。

表6-3　桥位钻孔数量表

桥梁类型	工程地质条件简单	工程地质条件较复杂或复杂
中桥	2~3	3~4
大桥	3~5	5~7
特大桥	≥5	≥7

③基础施工有可能诱发滑坡等地质灾害的边坡，应结合桥梁墩台布置和边坡稳定性分析进行勘探。

④当桥位基岩裸露、岩体完整、岩质新鲜、无不良地质发育时，可通过工程地质

调绘基本查明工程地质条件。

勘探深度应符合下列规定：

①当基础置于覆盖层内时，其勘探深度应至持力层或桩端以下不少于 3 m；在此深度内发现有软弱地层发育时，其应穿过软弱地层至坚硬土层内不少于 1.0 m。

②当覆盖层较薄，下伏基岩风化层不厚时，对于较坚硬岩或坚硬岩，钻孔钻入微风化基岩内不宜少于 3 m；极软岩、软岩或较软岩，钻孔钻入未风化基岩内不宜少于 5 m。

③当覆盖层较薄，下伏基岩风化层较厚时，对于较坚硬岩或坚硬岩，钻孔钻入中风化基岩内不宜少于 3 m；极软岩、软岩或较软岩，钻孔钻入微风化基岩内不宜少于 5 m。

④在地层变化复杂的桥位，应布置加深控制性钻孔，探明桥位地质情况。

⑤在深水、大跨桥梁基础和锚碇基础勘探时，钻孔深度应按设计要求专门研究后确定。

第七节　地下洞室工程地质勘探

地下洞室是指埋藏于地下岩土体内的各种构筑物，它在铁路、公路、矿冶、国防、城市地铁、城市建设等许多领域被广泛应用。例如，公路和铁路的隧道，城市地铁、地下停车场、地下商场、地下体育馆，国防地下仓库等。

地下洞室的开挖改变了原始土体的应力状态，导致岩土体内的应力重新分布，使围岩产生变形。当重新分布以后的应力达到或超过岩石的强度极限时，除弹性变形外，还将产生较大的塑性变形，如果不阻止这种变形的发展就会导致围岩破裂，甚至失稳破坏。而且，对于那些被软弱结构面切割成块体或极破碎的围岩，则易于向洞室产生滑落和塌落，使围岩失稳。为了保障洞室的稳定安全，必须对其进行支护以阻止围岩变形过大和被破坏。围岩的变形破坏可能对地下工程产生安全影响，同时可能对周边环境产生不良影响。

1. 地下洞室的主要工程地质问题

围岩稳定性是地下洞室主要的工程地质问题，需要对地下洞室的围岩质量进行评价。由于结构面等的影响，地下洞室中地下水渗漏也是不可忽视的工程地质问题。

（1）围岩稳定性

①影响围岩稳定性的因素

A. 岩体完整性。岩体是否完整，岩体中各种节理、断层等结构面的发育程度，对洞室稳定性影响极大。对此应着重考虑结构面的组数、密度和规模，结构面的产状、组合形态及与洞壁的关系，结构面的强度等。

B. 岩石强度。岩石强度主要取决于岩石的物质成分、组织结构、胶结程度和风化程度。

C. 地下水。地下水的长期作用是降低岩石强度、软弱夹层强度，加速岩石风化，其对软弱结构面起润滑作用，促使岩块坍塌，如遇膨胀性岩石，还会引起膨胀，增加围岩压力。

当地下水位很高时，还有静水压力、渗流压力作用，对洞室稳定不利。

D. 工程因素。洞室的埋深、几何形状、跨度、高度，洞室立体组合关系及间距，施工方法，围岩暴露时间及衬砌类型等，对围岩应力的大小和性质影响很大。对于洞室必须考虑地应力的影响。

②公路隧道围岩分类

地下洞室勘察的围岩分级方法应与地下洞室设计采用的标准一致，无特殊要求时可根据现行国家标准《工程岩体分级标准》（GB 50218-2014）执行，地下铁道围岩类别应按现行国家标准《城市轨道交通岩土工程勘察规范》（GB 50307-2012）执行。

首先确定基本质量级别，然后根据地下水、主要软弱结构面和地应力等因素对基本质量级别进行修正，并以此衡量地下洞室的稳定性，岩体级别越高，则洞室的自稳能力越好。《城市轨道交通岩土工程勘察规范》（GB 50307-2012）则为了与《地铁设计规范》（GB50157-2013）相一致，采用了铁路系统的围岩分类法。这种围岩分类是根据围岩的主要工程地质特征（如岩石强度、受构造的影响大小、节理发育情况和有无软弱结构面等）、结构特征和完整状态以及围岩开挖后的稳定状态等综合确定围岩类别，并可根据围岩类别估算围岩的均布压力。

③支护结构设计。支护结构应按洞室开挖后能发挥围岩的支护机能、保护围岩的原则，安全而有效地进行洞室内作业等设计；支护结构应在保持稳定的围岩中与开挖洞室而产生的新的应力相适应，并和洞室围岩成为一体以有效地利用周边围岩的支护机能，维持开挖断面，同时，还应确保洞室内作业的安全结构；伴随洞室开挖，作用在支护结构上的荷载，多数随着开挖后的时间推移而大大增多，所以，开挖后应立即施设能够施工的支护结构。一般情况下，作为支护构件，有喷射混凝土、锚杆、钢支撑及衬砌等，考虑到支护构件的作用，可考虑单独或组合形成有效的支护结构。

（2）地下水的渗漏。岩土体中存在不同程度的节理、断层等结构面。结构面是地下水运行的通道，在含有地下水的岩土体中开挖地下洞室，可能随时会使工作面通过结构面与地下水连通，导致地下水的渗漏和突涌，这种情况在岩溶地区尤为明显。一般在地下工程施工前，预先采用工程降水措施进行降水，使其降至基底以下一定深度，满足施工要求。如果地层中可能局部含有地下水，可预先钻进超前钻孔进行探查，在有地下水的区域可对其先进行冻结然后施工，以防地下水对工程施工产生不利影响。

2.地下洞室勘察基本要求

地下洞室勘察分为可行性勘察、初步勘察与详细勘察三种。

（1）可行性研究勘察应通过搜集区域地质资料、现场踏勘和调查，了解拟选方案的地形地貌、地层岩性、地质构造、工程地质、水文地质和环境条件，做出可行性评价，选择合适的洞址和洞口。

（2）初步勘察。初步勘察应采用工程地质测绘、勘探和测试等方法，初步查明选定方案的地质条件和环境条件，初步确定岩体质量等级（围岩类别），对洞址和洞口的稳定性做出评价，为初步设计提供依据。

初步勘察时，对于工程地质测绘和调查应初步查明如下问题：地貌形态和成因类型，地层岩性、产状、厚度和风化程度，断裂和主要裂隙的性质、产状、充填、胶结和贯通及组合关系，不良地质作用的类型、规模和分布，地震地质背景，地应力的最大主应力的作用方向，地下水类型、埋藏条件、补给、排泄和动态变化，地表水体的分布及其与地下水的关系、淤积物的特征，洞室穿越地面建筑物、地下构筑物、管道等既有工程的相互影响。初步勘察的勘探点宜沿洞室外侧交叉布置，勘探点间距为100~200 m，采取试样和原位测试勘探孔不宜少于勘探孔总数的2/3，控制性勘探孔深度，对于岩体基本质量等级为Ⅰ级和Ⅱ级的岩体宜钻入洞底设计标高下1~3 m；对于Ⅲ级岩体宜钻入3~5 m，对于Ⅳ级和Ⅴ级的岩体勘探孔深度应根据实际情况确定。每一岩层和土层均应采取试样，当有地下水时，应采取水试样。当洞区存在有害气体或地温异常时，应进行有害气体成分、含量及地温测定。对高应力地区应进行地应力量测。

（3）详细勘察。详细勘察应采用以钻探、物探和测试为主的勘察方法，必要时可结合施工导洞布置洞探，详细查明洞址、洞口、洞室穿越线路的工程地质和水文地质条件，划分岩体质量等级，评价洞体和围岩的稳定性，为设计支护结构和确定施工方案提供资料。

详细勘察应进行以下工作：查明地层岩性及其分布，划分岩组和风化程度，进行岩石物理力学试验；查明断裂构造和破碎带的位置、规模、产状和力学属性，划分岩体结构类型；查明不良地质作用的类型、性质、分布，并提出防治措施的建议；查明主要含水层的分布、厚度、埋深，地下水的类型、水位、补给排泄条件，预测开挖期间出水状态、涌水量和水质的腐蚀性；当城市地下洞室需降水施工时，提出降水施工措施及参数；查明洞室所在位置及临近地段的地面建筑和地下构筑物、管线情况，预测洞室开挖可能产生的影响，并提出防治措施。

详细勘察时，勘探点宜在洞室外侧6~8 m处交叉布置，山区地下洞室按地质构造布置，且勘探点间距不应大于50 m，城市地下洞室的勘探点间距，岩土变化复杂的场地宜小于25 m，中等复杂的宜为25~40 m，简单的为40~80 m。

参考文献

[1] 肖艳阳. 城市道路与交通规划 [M]. 武汉：武汉大学出版社 ,2019.

[2] 汤宇卿, 许抒晔. 城市道路交通规划理想空间 NO.17[M]. 上海:同济大学出版社 , 2006.

[3] 李朝阳. 普通高等院校土木专业十四五规划精品教材 城市交通与道路规划：第 2 版 [M]. 武汉：华中科学技术大学出版社 ,2020.

[4] 李朝阳. 城市交通与道路规划 [M]. 武汉：华中科技大学出版社 ,2009.

[5] 严宝杰, 张生瑞. 道路交通安全管理规划 [M]. 北京：中国铁道出版社 ,2008.

[6] 李文权, 陈茜. 道路交通安全管理规划方法及应用 [M]. 南京:东南大学出版社 , 2013.

[7] 柴贺军. 山区公路工程地质勘查 [M]. 重庆：重庆大学出版社 ,2019.

[8] 王茂靖. 海外项目工程地质勘查实践 [M]. 北京：中国铁道出版社 ,2018.

[9] 张学红, 李福生. 水文地质勘查 [M]. 北京：地质出版社 ,2014.